Abhängigkeitsgraph

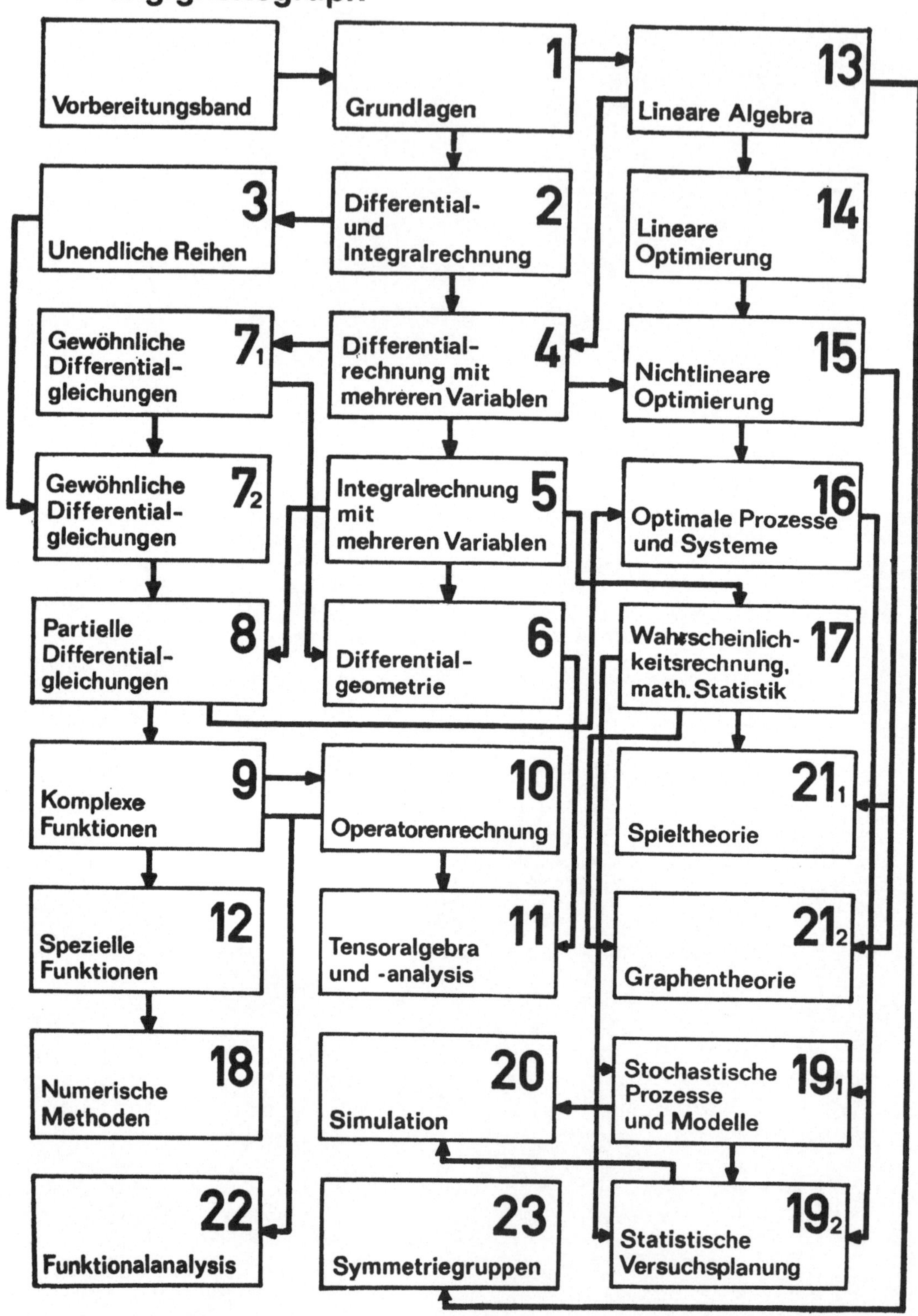

MATHEMATIK FÜR INGENIEURE, NATURWISSENSCHAFTLER,
ÖKONOMEN UND LANDWIRTE · ÜBUNGSAUFGABEN 3

Herausgeber: Prof. Dr. O. Beyer, Magdeburg · Prof. Dr. H. Erfurth, Merseburg
Prof. Dr. O. Greuel † · Prof. Dr. C. Großmann, Dresden
Prof. Dr. H. Kadner, Dresden · Prof. Dr. K. Manteuffel, Magdeburg
Prof. Dr. M. Schneider, Karl-Marx-Stadt · Doz. Dr. G. Zeidler, Berlin

DOZ. DR. E.-A. PFORR
DR. L. OEHLSCHLAEGEL
OL DIPL.-MATH. G. SELTMANN

Übungsaufgaben zur linearen Algebra und linearen Optimierung

4. AUFLAGE

BSB B. G. TEUBNER VERLAGSGESELLSCHAFT
LEIPZIG
1990

Das Lehrwerk wurde 1972 begründet und wird seither herausgegeben von:
Prof. Dr. Otfried Beyer, Prof. Dr. Horst Erfurth, Prof. Dr. Otto Greuel †, Prof. Dr. Horst Kadner,
Prof. Dr. Karl Manteuffel, Doz. Dr. Günter Zeidler
Außerdem gehören dem Herausgeberkollektiv an:
Prof. Dr. Manfred Schneider (seit 1989), Prof. Dr. Christian Großmann (seit 1989)

Verantwortlicher Herausgeber dieses Bandes:
Dr. rer. nat. habil. Horst Kadner, ordentlicher Professor für Mathematische Kybernetik und Rechen-
technik an der Technischen Universität Dresden

Autoren:

Dr. sc. nat. Ernst-Adam Pforr, Dozent an der Technischen Universität Dresden

Dr. paed. Lothar Oehlschlaegel, Dipl.-Ing., Lektor an der Technischen Universität Dresden

Oberlehrer Dipl.-Math. Georg Seltmann, Lehrer im Hochschuldienst an der Technischen Universität
Dresden (Kapitel 6)

Pforr, Ernst-Adam:
Übungsaufgaben zur linearen Algebra und linearen
Optimierung/E.-A. Pforr; L. Oehlschlaegel; G. Seltmann.
4. Aufl. – Leipzig: BSB Teubner, 1990. – 92 S.: 16 Abb.
(Mathematik für Ingenieure, Naturwissenschaftler, Ökonomen und Landwirte; Übungsaufgaben 3)
NE: Oehlschlaegel, Lothar:; Seltmann, Georg:; GT

ISBN 978-3-322-00373-7   ISBN 978-3-663-01376-1 (eBook)
DOI 10.1007/978-3-663-01376-1

Math. Ing. Nat. wiss. Ökon. Landwirte, Ü 3
ISSN 0138-1318

© BSB B. G. Teubner Verlagsgesellschaft, Leipzig, 1987
4. Auflage
VLN 294-375/52/90 · LSV 1084
Lektor: Jürgen Weiß

Gesamtherstellung: INTERDRUCK Graphischer Großbetrieb Leipzig,
Betrieb der ausgezeichneten Qualitätsarbeit, III/18/97
Bestell-Nr. 666 372 3

Inhalt

Vorwort

Das vorliegende Übungsheft schließt sich an die Bände 13 „Lineare Algebra" und 14 „Lineare Optimierung" der Lehrbuchreihe „Mathematik für Ingenieure, Naturwissenschaftler, Ökonomen und Landwirte" an. Hinweise in den Übungsaufgaben bzw. den zugehörigen Lösungen beziehen sich auf diese Bände.
Bei der Erarbeitung dieses Übungsheftes wurden die Erfahrungen in den Mathematiklehrveranstaltungen an der Technischen Universität Dresden und einer Reihe anderer Hochschulen genutzt.
Wir danken für die eingegangenen Hinweise, die alle sorgfältig geprüft und in der Regel berücksichtigt wurden. In diesem Zusammenhang möchten wir besonders die Anregungen von Herrn Doz. Dr. H. Bialy (Dresden) erwähnen.
Zu besonderem Dank sind wir Herrn Oberlehrer J. Läßig (Leipzig) verpflichtet. Er hat das gesamte Ausgangsmanuskript gründlich gesichtet und wertvolle Hinweise aus der Sicht des Fernstudiums gegeben.
Für Vorschläge, die der Verbesserung der Aufgabensammlung dienen, sind wir stets dankbar.

Dresden, Januar 1986

E.-A. Pforr
L. Oehlschlaegel
G. Seltmann

1. Matrizen und Determinanten

1.1. Rechnen mit Matrizen

Addition, Subtraktion, Multiplikation, Multiplikation einer Matrix mit einer Zahl, transponierte Matrix, Matrizengleichungen, Permutationsmatrizen, Blockmatrizen (Bd. 13, 2.1., 2.2.)

1.1.1. Folgende Matrizen seien gegeben:

$$A = \begin{bmatrix} 1 & -2 & 3 \\ 5 & 0 & 6 \end{bmatrix}, \qquad B = \begin{bmatrix} -3 & 7 & -2 \\ 0 & 1 & 3 \end{bmatrix}, \qquad C = \begin{bmatrix} 11 & -25 & 12 \\ 10 & -3 & 3 \end{bmatrix}.$$

a) Man berechne: $A + B$, $A - B$, $A + B + C$, $3A - 4B$.

b) Man ermittle (falls möglich) zwei Zahlen λ und μ, für welche die Gleichung $\lambda A + \mu B = C$ gilt. (Was kann man allgemein über die Lösbarkeit dieser Gleichung aussagen, wenn A, B, C vorgegebene Matrizen sind?)

1.1.2. Man addiere unter den folgenden Matrizen diejenigen, deren Summe erklärt ist:

$$A = \begin{bmatrix} 3 & -1 \\ 2 & 0 \\ 1 & 1 \\ 0 & 2 \end{bmatrix}, \qquad B = \begin{bmatrix} -1 & 1 \\ 1 & -1 \end{bmatrix}, \qquad C = \begin{bmatrix} 6 & 3 & 7 \\ 4 & 4 & 1 \end{bmatrix}, \qquad D = \begin{bmatrix} 19 & 3 \\ 27 & 2 \end{bmatrix},$$

$$F = \begin{bmatrix} 1 & 3 \\ 1 & 3 \\ 1 & 3 \\ 1 & 3 \end{bmatrix}, \qquad G = \begin{bmatrix} \frac{1}{2} & \frac{1}{2} \\ -1 & 1 \end{bmatrix}, \qquad H = \begin{bmatrix} 1 & 2 & 3 \\ 4 & 5 & 6 \end{bmatrix}.$$

1.1.3. Man bestimme die Lösung X der Matrizengleichung

$$A + 3(X - A - E) = 2B + X - E$$

a) allgemein,

b) mit $A = \begin{bmatrix} 3 & -1 \\ 2 & 5 \end{bmatrix}$, $\qquad B = \begin{bmatrix} 1 & 0 \\ -2 & -3 \end{bmatrix}$, $\qquad E$: Einheitsmatrix.

(Zusatzfrage: Welche Voraussetzung müssen die Matrizen A, B, E, X erfüllen, damit die vorgegebene Matrizengleichung sinnvoll ist?)

1.1.4.

$$A = \begin{bmatrix} 1 & -2 & 4 \\ -2 & 3 & -5 \end{bmatrix}, \qquad B = \begin{bmatrix} 2 & 4 \\ 3 & 6 \\ 1 & 2 \end{bmatrix}, \qquad C = \begin{bmatrix} -2 & 1 \\ 0 & 3 \end{bmatrix}.$$

Man berechne:

a) AB, BA; AC, CA; BC, CB; $A^\mathsf{T}C$, $C^\mathsf{T}A$. (Welche allgemeinen Gesetzmäßigkeiten werden durch diese Ergebnisse bestätigt?)

b) ABC, CBA.

1.1.5. Gegeben seien die Matrizen mit komplexen Elementen

$$A = \begin{bmatrix} 2+i & 1 \\ 1-i & 1+i \end{bmatrix}, \qquad B = \begin{bmatrix} 5 & 3-2i \\ 3+2i & 7 \end{bmatrix}, \qquad b = \begin{bmatrix} 1+i \\ 1-i \end{bmatrix}.$$

a) Man berechne (falls möglich): AB, Ab, bA; A^*, B^*, b^*.

b) Besitzt $Ax = b$ eine reelle Lösung?

c) Besitzt $Ax = b$ eine komplexe Lösung?

d) Sind die Matrizen A und B hermitesch?

e) Sind die Matrizen A und B unitär?

1.1.6.

$$A = \begin{bmatrix} 3 & 0 & 1 \\ 2 & -1 & 5 \end{bmatrix}, \quad B = \begin{bmatrix} 2 & 0 & 3 \\ 4 & 0 & -1 \end{bmatrix}, \quad C = \begin{bmatrix} 2 & 1 \\ 3 & -1 \\ 4 & 3 \end{bmatrix}, \quad d = \begin{bmatrix} -1 \\ 0 \\ 2 \end{bmatrix}.$$

Man berechne (falls die entsprechenden Ausdrücke definiert sind):

a) $A + B$, $A + C$, AC, BC, $(A + B)\,C$,

b) $A^{\mathsf{T}}B$, $B^{\mathsf{T}}A$, Bd, $d^{\mathsf{T}}B^{\mathsf{T}}$,

c) $2A - 3B$, Ad, $(A + B)\,d$, Cd, $d^{\mathsf{T}}C$.

1.1.7.

$$C = \begin{bmatrix} 3 & 1 \\ 1 & 2 \end{bmatrix}, \quad c = \begin{bmatrix} -1 \\ 4 \end{bmatrix}, \quad x = \begin{bmatrix} x_1 \\ x_2 \end{bmatrix}.$$

a) Man berechne: $c^{\mathsf{T}}x$, $x^{\mathsf{T}}Cx$, cx^{T}, $x^{\mathsf{T}}x$.

b) Welche geometrischen Gebilde werden durch $c^{\mathsf{T}}x = 1$ bzw. $x^{\mathsf{T}}Cx = 1$ bzw. $x^{\mathsf{T}}Cx + c^{\mathsf{T}}x = 1$ bzw. $x^{\mathsf{T}}x = 1$ beschrieben?

c) Welche Gebilde beschreiben die in b) angegebenen Gleichungen, wenn C eine $(3, 3)$-Matrix ist und c bzw. x $(3, 1)$-Matrizen sind?

1.1.8. A sei eine (m, n)-Matrix, x eine $(n, 1)$-Matrix, y eine $(m, 1)$-Matrix. Vor.: $n \neq m$, $m > 1$, $n > 1$.

a) Welche der folgenden Ausdrücke sind definiert? Was stellen sie dar (Zahl, Matrix)? Zwischen welchen Ausdrücken besteht ein Zusammenhang? Zwischen welche Ausdrücke kann man das Gleichheitszeichen setzen?

yAx, $y^{\mathsf{T}}Ax$, $x^{\mathsf{T}}Ay$, $x^{\mathsf{T}}A^{\mathsf{T}}y$, $(Ax)^{\mathsf{T}}y$, $x^{\mathsf{T}}(y^{\mathsf{T}}A)^{\mathsf{T}}$, Axy, Axy^{T}, $yx^{\mathsf{T}}A^{\mathsf{T}}$, $A^{\mathsf{T}}yx^{\mathsf{T}}$, $xy^{\mathsf{T}}A$.

b) Man berechne diese Ausdrücke für

$$A = \begin{bmatrix} 3 & -1 & 0 \\ 1 & 2 & 2 \end{bmatrix}, \quad x = \begin{bmatrix} 1 \\ -1 \\ 1 \end{bmatrix}, \quad y = \begin{bmatrix} 2 \\ -3 \end{bmatrix}.$$

1.1.9.

$$A = \begin{bmatrix} 1 & 2 & -1 \\ 4 & 0 & 3 \\ 5 & 1 & -4 \end{bmatrix}, \quad B = \begin{bmatrix} -1 & 3 & 2 \\ 5 & 1 & 0 \\ -3 & 2 & 4 \end{bmatrix}, \quad C = \begin{bmatrix} 4 & 2 \\ 0 & -1 \\ 5 & -3 \end{bmatrix}.$$

Mit Hilfe des Falkschen Schemas berechne man:

a) $(A + B)C$ und $AC + BC$,

b) $(AB)C$ und $A(BC)$,

c) $(AB)^{\mathsf{T}}$ und $B^{\mathsf{T}}A^{\mathsf{T}}$.

Welche Gesetzmäßigkeiten sind zu erkennen? Man versuche, diese Gesetzmäßigkeiten allgemein zu beweisen! (Welche Voraussetzungen über den Typ von A, B, C müssen erfüllt sein?)

1.1.10.

$$A = \begin{bmatrix} -3 & 2 & 0 & 1 & -4 \\ 0 & 4 & 1 & 2 & 0 \\ -1 & 3 & 2 & 0 & 5 \\ 4 & 0 & 0 & 1 & -2 \end{bmatrix}, \qquad B = \begin{bmatrix} 1 & 3 & -2 \\ 4 & 1 & 0 \\ 5 & 0 & -3 \\ 3 & 1 & 2 \\ 0 & 4 & 0 \end{bmatrix}.$$

Man berechne (mit Hilfe des Falkschen Schemas): AB, BA, $B^\mathsf{T} A^\mathsf{T}$.

1.1.11. Gegeben seien die Matrizen

$$C = \begin{bmatrix} 0 & 1 & 0 \\ 0 & 0 & 1 \\ 1 & 0 & 0 \end{bmatrix}, \qquad A = \begin{bmatrix} a_{11} & a_{12} & a_{13} \\ a_{21} & a_{22} & a_{23} \\ a_{31} & a_{32} & a_{33} \end{bmatrix}.$$

Man bilde die Produkte CA und AC und vergleiche sie mit A. Welche Gesetzmäßigkeit ist zu erkennen?

(Bemerkung: Die Matrix C entsteht aus der Einheitsmatrix E durch Vertauschung der Zeilen bzw. der Spalten. C ist eine sogenannte Permutationsmatrix.)

1.1.12. Gegeben sei eine Matrix $A = [a_{ik}]$ vom Typ (5, 5). Man bestimme eine Matrix P (Permutationsmatrix), so daß PA die gleichen Zeilen wie A, aber in der Reihenfolge 3, 2, 1, 4, 5 enthält.

(Hinweis: Man orientiere sich an Aufgabe 1.1.11.)

1.1.13. A sei eine Matrix vom Typ (n, n). Man bestimme eine Matrix P so, daß PA sich von A nur durch Vertauschung der i-ten und k-ten Zeile unterscheidet. Wie wird eine Vertauschung der i-ten und k-ten Spalte von A erreicht?

1.1.14. $a_1, \ldots, a_n, c$ seien $(n, 1)$-Matrizen. Man beweise:
$$c_1 \cdot a_1 + c_2 \cdot a_2 + \ldots + c_n \cdot a_n = [a_1, a_2, \ldots, a_n]c.$$
(c_i: Elemente von c; $[a_1, \ldots, a_n]$: Matrix mit den Spalten $a_1, \ldots, a_n$.)

1.1.15. Es gelte $A = \begin{bmatrix} P & Q \\ R & S \end{bmatrix}$ und $B = \begin{bmatrix} T & U \\ V & W \end{bmatrix}$.

(A und B sind sogenannte Blockmatrizen (Hypermatrizen); sie setzen sich aus Teilmatrizen (Untermatrizen) zusammen!)

Vor.: Typ (P) = Typ (T) = (l, l),
      Typ (S) = Typ (W) = (m, m).

Man zeige:
$$AB = \begin{bmatrix} PT + QV & PU + QW \\ RT + SV & RU + SW \end{bmatrix}.$$

1.1.16. Es gelte
$$\begin{aligned} y_1 &= A_{11} x_1 + A_{12} x_2 + a_1, \\ y_2 &= A_{21} x_1 + A_{22} x_2 + a_2 \end{aligned} \tag{I}$$

und
$$\begin{bmatrix} y_1 \\ y_2 \end{bmatrix} = \begin{bmatrix} A_{11} & A_{12} \\ A_{21} & A_{22} \end{bmatrix} \begin{bmatrix} x_1 \\ x_2 \end{bmatrix} + \begin{bmatrix} a_1 \\ a_2 \end{bmatrix}. \tag{II}$$

Man zeige, daß die Darstellungen (I) und (II) äquivalent sind. (Bemerkung: (II) nennt man die Blockschreibweise von (I).)

1.1.17. a) A sei die in 1.1.15. angegebene Blockmatrix. Man berechne A^2 als Blockmatrix. (Von welchem Typ müssen die Matrizen P und S sein?)
b) Unter Benutzung einer geeigneten Blockbildung berechne man das Quadrat der Matrix

$$A = \begin{bmatrix} 3 & 0 & 0 & 0 & 0 \\ 0 & -1 & 0 & 0 & 0 \\ 0 & 0 & 4 & 0 & 0 \\ 0 & 0 & 0 & 1 & 2 \\ 0 & 0 & 0 & -1 & 3 \end{bmatrix}.$$

1.1.18.

$$A = \begin{bmatrix} a_{11} \dots a_{1n} \\ \vdots \quad \vdots \\ a_{m1} \dots a_{mn} \end{bmatrix}, \qquad C = \begin{bmatrix} c_{11} \dots c_{1n} \\ \vdots \quad \vdots \\ c_{n1} \dots c_{nn} \end{bmatrix}, \qquad x = \begin{bmatrix} x_1 \\ \vdots \\ x_n \end{bmatrix}.$$

Man beweise:

a) $Ax \equiv o \Leftrightarrow A = 0,$ b) $x^\mathsf{T} C x \equiv 0 \Leftrightarrow C^\mathsf{T} = -C.$

(Hinweis: $\equiv o$ bzw. $\equiv 0$ heißt: $= o$ bzw. $= 0$ für alle x.)

1.1.19. a) Von der Matrizengleichung $AX + XA^\mathsf{T} = E$
mit $E = \begin{bmatrix} 1 & 0 \\ 0 & 1 \end{bmatrix}$ und $A = \begin{bmatrix} 2 & 0 \\ -1 & 1 \end{bmatrix}$ ermittle man eine Lösung X. Gibt es mehrere Lösungen?
b) Man bestimme sämtliche Lösungen X der Matrizengleichung
$$X^2 - X = \begin{bmatrix} 2 & 0 \\ 8 & 6 \end{bmatrix}.$$

1.1.20. In einem Betrieb werden aus vier Rohstoffen R_1, R_2, R_3, R_4 fünf Zwischenprodukte Z_1, Z_2, Z_3, Z_4, Z_5 hergestellt, aus diesen Zwischenprodukten werden schließlich drei Endprodukte E_1, E_2, E_3 gefertigt. In den Tabellen sind die Rohstoff- bzw. Zwischenproduktverbrauchsnormen zur Produktion einer Einheit von Z_i bzw. einer Einheit von E_i angegeben.

	Z_1	Z_2	Z_3	Z_4	Z_5
R_1	3	4	2	6	1
R_2	5	0	3	1	2
R_3	1	2	4	0	6
R_4	1	3	1	3	0

	E_1	E_2	E_3
Z_1	2	4	1
Z_2	1	3	6
Z_3	5	1	0
Z_4	0	2	3
Z_5	3	1	2

Mit Hilfe der Matrizenrechnung beantworte man die Frage:
Wieviel Einheiten von R_1, R_2, R_3, R_4 sind bereitzustellen, wenn der Betrieb 100 Einheiten von E_1, 200 Einheiten von E_2 und 300 Einheiten von E_3 herstellen soll?

1.2. Berechnung von Determinanten

Adjunkte, Entwicklungssatz, Determinantengesetze (Bd. 13, 2.4.2., 2.4.3.)

1.2.1. Von der Matrix

$$A = \begin{bmatrix} 2 & 3 & 0 \\ -1 & 2 & 4 \\ 0 & 5 & 1 \end{bmatrix}$$

berechne man:

a) die Adjunkten (Kofaktoren) A_{21}, A_{22}, A_{23},

b) det A.

1.2.2. Man berechne folgende Determinanten:

a) $\begin{vmatrix} -2 & 3 \\ -1 & 5 \end{vmatrix}$,
b) $\begin{vmatrix} 1 & x \\ 3 & y \end{vmatrix}$,
c) $\begin{vmatrix} \sin\alpha & \cos\alpha \\ -\cos\alpha & \sin\alpha \end{vmatrix}$,

d) $\begin{vmatrix} 3 & 1 & 0 \\ -1 & 2 & 4 \\ 4 & 1 & 5 \end{vmatrix}$,
e) $\begin{vmatrix} \lambda-1 & 1 & 1 \\ 1 & 1-\lambda & 0 \\ 3 & 0 & 1-\lambda \end{vmatrix}$,
f) $\begin{vmatrix} 1 & x & y \\ 1 & 1 & 0 \\ 1 & 4 & 1 \end{vmatrix}$.

1.2.3. Unter Ausnutzung von bestimmten Eigenschaften der Determinanten berechne man die folgenden Determinanten möglichst einfach:

a) $\begin{vmatrix} 1 & 2 & 0 & 0 \\ 2 & 1 & 2 & 0 \\ 0 & 2 & 1 & 2 \\ 0 & 0 & 2 & 1 \end{vmatrix}$,
b) $\begin{vmatrix} 3 & -1 & 0 & 2 \\ 0 & -2 & 1 & 5 \\ 0 & 0 & 1 & 4 \\ 0 & 0 & 0 & 6 \end{vmatrix}$,
c) $\begin{vmatrix} 1 & 0 & 1 & 2 \\ 1 & 2 & 3 & 4 \\ 4 & 3 & 2 & 1 \\ 2 & 1 & 4 & 0 \end{vmatrix}$,

d) $\begin{vmatrix} 3 & 1 & -1 & 0 & 4 \\ -2 & 2 & 0 & 1 & 5 \\ 2 & 0 & -1 & 2 & 13 \\ 1 & 3 & 3 & 0 & -2 \\ 2 & 0 & 3 & 1 & 2 \end{vmatrix}$,
e) $\begin{vmatrix} -1 & 2 & 4 & 3 \\ 2 & -4 & -8 & -6 \\ 7 & 1 & 5 & 0 \\ 1 & 5 & 0 & 1 \end{vmatrix}$.

1.2.4. Man bestimme alle Lösungen der folgenden Gleichungen:

a) $\begin{vmatrix} 1-x & 1 & 2 \\ 2 & 2-x & 2 \\ 2 & 2 & 5-x \end{vmatrix} = 0$,
b) $\begin{vmatrix} 1-x & -1 & -1 \\ 1 & 1-x & 0 \\ 3 & 0 & 1-x \end{vmatrix} = 0$.

1.2.5. Man beweise:

$$\begin{vmatrix} 1 & x & y \\ 1 & x_1 & y_1 \\ 1 & x_2 & y_2 \end{vmatrix} = 0$$

ist die Gleichung der durch die Punkte (x_1, y_1) und (x_2, y_2) aufgespannten Geraden. (Welche Voraussetzung muß für die Punkte (x_1, y_1), (x_2, y_2) erfüllt sein?)

1.2.6. Man beweise, daß die Gleichung

$$\begin{vmatrix} x & y & z & 1 \\ x_1 & y_1 & z_1 & 1 \\ x_2 & y_2 & z_2 & 1 \\ x_3 & y_3 & z_3 & 1 \end{vmatrix} = 0$$

a) in der Form $Ax + By + Cz + D = 0$ geschrieben werden kann und
b) $(x, y, z) = (x_i, y_i, z_i)(i = 1, 2, 3)$ als Lösung hat. (Welcher geometrischer Sachverhalt verbirgt sich hinter dieser Aussage?)

1.2.7. Gegeben sei die dreireihige Vandermondesche Determinante

$$V(x_1, x_2, x_3) = \begin{vmatrix} 1 & 1 & 1 \\ x_1 & x_2 & x_3 \\ x_1^2 & x_2^2 & x_3^2 \end{vmatrix}.$$

a) Man zeige: $V(x_1, x_2, x_3) = (x_3 - x_1)(x_3 - x_2)(x_2 - x_1)$.
b) Man gebe eine notwendige und hinreichende Bedingung für $V(x_1, x_2, x_3) \neq 0$ an.
c) Man berechne die vierreihige Vandermondesche Determinante $V(x_1, x_2, x_3, x_4)$.

   (Hinweis: $V(x_1, x_2, x_3, x_4)$ hat einen zu $V(x_1, x_2, x_3)$ analogen Aufbau.)

1.2.8. Gegeben ist die Matrix

$$A = \begin{bmatrix} -1 & -2 & 1 & 3 \\ 1 & 0 & 3 & 2 \\ 3 & 2 & 4 & -1 \\ -2 & 6 & -2 & -2 \end{bmatrix}.$$

Man bestimme Matrizen

$$B = \begin{bmatrix} 1 & 0 & 0 & 0 \\ b_{21} & 1 & 0 & 0 \\ b_{31} & b_{32} & 1 & 0 \\ b_{41} & b_{42} & b_{43} & 1 \end{bmatrix} \quad \text{und} \quad C = \begin{bmatrix} c_{11} & c_{12} & c_{13} & c_{14} \\ 0 & c_{22} & c_{23} & c_{24} \\ 0 & 0 & c_{33} & c_{34} \\ 0 & 0 & 0 & c_{44} \end{bmatrix}$$

so, daß $A = B \cdot C$ gilt. Wie läßt sich damit det A einfach berechnen?

1.2.9. Man berechne x aus den folgenden Beziehungen:

a) $\begin{vmatrix} x & 2 & 2 \\ 2 & -1 & 2 \\ 2 & 2 & x \end{vmatrix} = 27,$ b) $\begin{vmatrix} -1 & x & x \\ 2 & -1 & 2 \\ 2 & 2 & -1 \end{vmatrix} = 27,$

c) $\begin{vmatrix} x & 1 & 2 \\ 3 & x & -1 \\ 4 & x & -2 \end{vmatrix} = 2,$ d) $\begin{vmatrix} 1 & x & 2 \\ x & 3 & 1 \\ -2 & -1 & x \end{vmatrix} = 13.$

1.2.10.
a) Man beweise:

$$\begin{vmatrix} a_4 x + a_3 & a_2 & a_1 & a_0 \\ -1 & x & 0 & 0 \\ 0 & -1 & x & 0 \\ 0 & 0 & -1 & x \end{vmatrix} = a_0 + a_1 x + a_2 x^2 + a_3 x^3 + a_4 x^4.$$

b) Wie lauten entsprechende Gleichungen für

   α) $a_0 + a_1 x + a_2 x^2 + a_3 x^3$ und β) $a_0 + a_1 x + a_2 x^2 + \ldots + a_n x^n$?

c) Man beweise den allgemeinen Fall β) durch vollständige Induktion.

1.2.11. Die Matrix M setze sich aus den Teilmatrizen F, G, H und 0 zusammen:

$$M = \begin{bmatrix} F & G \\ 0 & H \end{bmatrix}.$$

Voraussetzung: F und H quadratisch, 0 eine Nullmatrix. Man zeige: $\det M = \det F \cdot \det H$. (Anleitung: Man stelle M als Produkt von zwei geeigneten Matrizen A und B dar; siehe 1.1.15.)

1.2.12. Man zeige: Für eine quadratische Matrix A vom Typ (n, n) gilt:

$$\det (\lambda A) = \lambda^n \cdot \det (A).$$

1.2.13. Vorgegeben seien die $(3, 1)$-Matrizen

$$a = \begin{bmatrix} a_1 \\ a_2 \\ a_3 \end{bmatrix}, \qquad b = \begin{bmatrix} b_1 \\ b_2 \\ b_3 \end{bmatrix}, \qquad c = \begin{bmatrix} c_1 \\ c_2 \\ c_3 \end{bmatrix}.$$

Ausgehend von der Definition

$$a \times b = \begin{bmatrix} a_1 \\ a_2 \\ a_3 \end{bmatrix} \times \begin{bmatrix} b_1 \\ b_2 \\ b_3 \end{bmatrix} := \begin{bmatrix} \begin{vmatrix} a_2 & b_2 \\ a_3 & b_3 \end{vmatrix} \\ \begin{vmatrix} a_3 & b_3 \\ a_1 & b_1 \end{vmatrix} \\ \begin{vmatrix} a_1 & b_1 \\ a_2 & b_2 \end{vmatrix} \end{bmatrix}$$

beweise man die folgenden Rechenregeln:

a) $a^{\mathsf{T}}(a \times b) = 0$, $b^{\mathsf{T}}(a \times b) = 0$, $b \times a = -(a \times b)$,

b) $a \times (b + c) = a \times b + a \times c$,

c) $a \times (b \times c) = (a^{\mathsf{T}}c)b - (a^{\mathsf{T}}b)c$,

d) $(a \times b)^{\mathsf{T}}(a \times b) = (a^{\mathsf{T}}a)(b^{\mathsf{T}}b) - (a^{\mathsf{T}}b)^2$.

Hinweis: Beim Beweis werden einfache Rechenregeln für Matrizen und Determinanten benötigt!

1.3.   Inverse Matrix

(Bd. 13, 2.4.4.1.)

1.3.1. Welche der folgenden Matrizen A besitzt eine inverse Matrix A^{-1}?

a) $\begin{bmatrix} 1 & 0 & 3 \\ 4 & 1 & 2 \\ 0 & 1 & 1 \end{bmatrix}$,   b) $\begin{bmatrix} 2 & -3 & 1 \\ 3 & 4 & -2 \\ 5 & 1 & -1 \end{bmatrix}$,   c) $\begin{bmatrix} 1 & 3 & -2 \\ 0 & 2 & 4 \\ 0 & 0 & -1 \end{bmatrix}$,

d) $\begin{bmatrix} 1 & 4 \\ -2 & 9 \end{bmatrix}$,   e) $\begin{bmatrix} -2 & 6 \\ 1 & -3 \end{bmatrix}$,   f) $\begin{bmatrix} a & b \\ c & d \end{bmatrix}.$

1.3.2. Von den in 1.3.1. angegebenen Matrizen berechne man nach der Formel

$$A^{-1} = \frac{1}{\det A} \begin{bmatrix} A_{11} \dots A_{1n} \\ \vdots \qquad \vdots \\ A_{n1} \dots A_{nn} \end{bmatrix}^T$$

die zugehörige inverse Matrix, sofern sie existiert.

1.3.3. Man bestimme mit Hilfe des Gauß-Algorithmus bzw. des Austauschverfahrens die inverse Matrix von

a) $\begin{bmatrix} 2 & 1 & 3 & -1 \\ 4 & 3 & 1 & 0 \\ 2 & 1 & 2 & -2 \\ -2 & -1 & 1 & 2 \end{bmatrix}$, b) $\begin{bmatrix} 3 & 0 & 2 & 0 \\ 0 & 1 & 0 & 2 \\ 2 & 0 & 1 & 0 \\ 0 & 3 & 0 & 2 \end{bmatrix}$, c) $\begin{bmatrix} 1 & 3 & 2 \\ 2 & 5 & 3 \\ -3 & -8 & -4 \end{bmatrix}$,

d) $\begin{bmatrix} 2 & 0 & 0 \\ 6 & 3 & -5 \\ -4 & -2 & 2 \end{bmatrix}$, e) $\begin{bmatrix} 4 & 2 & -3 \\ 5 & 3 & -1 \\ 2 & 0 & -7 \end{bmatrix}$, f) $\begin{bmatrix} 1 & 4 & -1 \\ 0 & 1 & 2 \\ 0 & 0 & 1 \end{bmatrix}$.

1.3.4. A sei die Matrix aus 1.3.3.c), B die Matrix aus 1.3.1.b), E die Einheitsmatrix vom Typ (3, 3). Man bestimme (falls möglich) die Lösung X der Matrizengleichung

a) $AX = B$, b) $BX = A$, c) $BX = E$, d) $XA = B$.

1.3.5. Gegeben seien die Matrizen

$$A = \begin{bmatrix} 1 & 0 & -1 & 2 \\ 2 & -1 & -2 & 3 \\ -1 & 2 & 2 & -4 \\ 0 & 1 & 2 & -5 \end{bmatrix}, \quad b = \begin{bmatrix} 1 \\ 2 \\ 1 \\ 2 \end{bmatrix}, \quad B = \begin{bmatrix} 0 & 2 \\ 2 & 0 \\ 3 & -1 \\ 4 & 2 \end{bmatrix}.$$

a) Man berechne A^{-1}.
b) Man bestimme die Lösung von $Ax = b$.
c) Man bestimme die Lösung von $AX = B$.

1.3.6. A sei die Matrix aus 1.3.1.a), B sei die Matrix aus 1.3.1.c). Man bestimme $(AB)^{-1}$. (Zusatzfrage: Kann man auch $(AB)^{-1}$ bestimmen, wenn man für B die Matrix aus 1.3.1.b) nimmt?)

1.3.7. Man beweise die Gleichung $(AB)^{-1} = B^{-1}A^{-1}$. (Welche Voraussetzungen müssen dabei die Matrizen A und B erfüllen?)

1.3.8. A sei eine reguläre (n, n)-Matrix, $B = [A_{ik}]$ die aus den Adjunkten A_{ik} von A gebildete (n, n)-Matrix. Man zeige: $\det B = (\det A)^{n-1}$.

1.3.9. Unter welchen Voraussetzungen ist die Matrizengleichung $AXB = C$ eindeutig lösbar? (A, B, C, X seien (n, n)-Matrizen vom gleichen Typ.) Wie lautet die Lösung im Falle: A Matrix aus 1.3.1.a), B Matrix aus 1.3.1.c), C Matrix aus 1.3.1.b). (Zusatzfrage: Ist die Matrizengleichung $AXB = C$ im Falle

$$A = \begin{bmatrix} 2 & -6 \\ -1 & 3 \end{bmatrix}, \quad B = \begin{bmatrix} 1 & 2 \\ 3 & 0 \end{bmatrix}, \quad C = \begin{bmatrix} 8 & 4 \\ -4 & -2 \end{bmatrix}$$

lösbar?)

1.3.10. Unter welchen Voraussetzungen sind die folgenden Matrizengleichungen eindeutig lösbar? Wie lautet die Lösung? (Alle auftretenden Matrizen sollen quadratisch und vom gleichen Typ sein! E: Einheitsmatrix.)

a) $XA + 2X = A$,   b) $(X^\mathsf{T}B)^{-1} C - \dfrac{1}{2} D + 2E = 0$

(Wie lautet die Lösung im Falle

$$B = \begin{bmatrix} 2 & 1 \\ 5 & 3 \end{bmatrix}, \quad C = \begin{bmatrix} 2 & -2 \\ 0 & 1 \end{bmatrix}, \quad D = \begin{bmatrix} -4 & 15 \\ 14 & -22 \end{bmatrix}?),$$

c) $C^\mathsf{T}X(A^\mathsf{T}B)^\mathsf{T} + (X^\mathsf{T}C)^\mathsf{T} - E = -\dfrac{1}{2} B^\mathsf{T}A + 3C^\mathsf{T}X.$

1.3.11. Wann besitzt die Matrix

$$A = \begin{bmatrix} a_1 & 0 & 0\dots0 \\ 0 & a_2 & 0\dots0 \\ \vdots & & \\ 0 & 0 & 0\dots a_n \end{bmatrix}$$

eine Inverse und wie lautet diese?

1.3.12. Von der Matrix

$$A = \begin{bmatrix} 2 & 1 & 2 & 0 & 0 & 0 \\ 1 & 2 & 0 & 0 & 0 & 0 \\ 0 & 0 & 1 & 0 & 0 & 0 \\ 4 & 3 & 2 & 1 & 0 & 0 \\ 3 & 2 & 4 & 0 & 1 & 0 \\ 2 & 4 & 3 & 0 & 0 & 1 \end{bmatrix}$$

berechne man die inverse Matrix.

(Anleitung: Man unterteile die Matrix A in geeignete Teilmatrizen und mache einen für A^{-1} charakteristischen Ansatz; vgl. hierzu auch 1.1.15.)

1.3.13. Man beweise: Die inverse Matrix einer (regulären) symmetrischen Matrix ist ebenfalls symmetrisch.

1.4. Besondere Matrizen

Orthogonale Matrizen, symmetrische Matrizen, Diagonalmatrizen, Dreiecksmatrizen, vertauschbare Matrizen (Bd. 13, 2.3.)

1.4.1. Welche der folgenden Matrizen sind orthogonal?

a) $\begin{bmatrix} -0{,}8 & 0{,}6 \\ 0{,}6 & 0{,}8 \end{bmatrix}$,   b) $\begin{bmatrix} -1 & 2 \\ 2 & 1 \end{bmatrix}$,   c) $\begin{bmatrix} 3 & 2 \\ -4 & 3 \end{bmatrix}$,

d) $\dfrac{1}{3} \begin{bmatrix} 2 & -1 & 2 \\ -1 & 2 & 2 \\ 2 & 2 & -1 \end{bmatrix}$,   e) $\begin{bmatrix} 3 & 0 & 0 \\ 0 & 1 & 0 \\ 0 & 0 & 2 \end{bmatrix}$,   f) $\begin{bmatrix} \cos\alpha & -\sin\alpha & 0 \\ \sin\alpha & \cos\alpha & 0 \\ 0 & 0 & 1 \end{bmatrix}.$

1.4.2. Welche der folgenden Aussagen sind bei jeder orthogonalen Matrix A richtig?

a) $AA^T = E$,   b) $A = A^T$,   c) $A^T = A^{-1}$,   d) $\det A = 1$.

(Bei Nichtgültigkeit der Aussage gebe man ein Gegenbeispiel an!)

1.4.3. Man zeige, daß bei einer orthogonalen Matrix A für je zwei „Vektoren" x_1, x_2 und ihre „Bildvektoren" $y_1 = Ax_1$, $y_2 = Ax_2$ gilt:

$$(y_2 - y_1)^T(y_2 - y_1) = (x_2 - x_1)^T(x_2 - x_1).$$

(Wie ist diese Aussage geometrisch zu deuten?)

1.4.4. Jede quadratische Matrix A kann in eine Summe aus einer symmetrischen Matrix B und einer antisymmetrischen Matrix C zerlegt werden.

a) Man gebe die Zerlegung in allgemeiner Form an!
(Ist diese Darstellung eindeutig?)
b) Man berechne B und C für

$$A = \begin{bmatrix} 1 & 2 & 5 & 0 \\ 4 & 6 & 2 & 1 \\ 7 & 4 & 3 & 1 \\ 4 & 1 & 1 & 2 \end{bmatrix}.$$

1.4.5. Gegeben sei die Matrix

$$A = \begin{bmatrix} 0 & 0 & 0 \\ 1 & 0 & 0 \\ 0 & 1 & 0 \end{bmatrix}.$$

Man beweise: Eine Matrix X ist mit A genau dann vertauschbar, wenn sich X in der Form $X = c_0 E + c_1 A + c_2 A^2$ darstellen läßt (E: Einheitsmatrix).

1.4.6. Man beweise: Das Produkt von zwei oberen Dreiecksmatrizen ist wieder eine obere Dreiecksmatrix.

(Bemerkung: Eine Matrix A heißt obere Dreiecksmatrix, wenn für jedes a_{ik} mit $i > k$ gilt: $a_{ik} = 0$.)

1.4.7. Gegeben sei eine Diagonalmatrix

$$A = \begin{bmatrix} d_1 & 0 & 0 \\ 0 & d_2 & 0 \\ 0 & 0 & d_3 \end{bmatrix}.$$

Unter der Voraussetzung, daß die drei Zahlen d_1, d_2, d_3 paarweise verschieden sind, zeige man: Eine Matrix X ist dann und nur dann mit A vertauschbar, wenn X eine Diagonalmatrix ist. (Von welchem Typ muß X sein?)

1.4.8. Man zeige: Für jede antisymmetrische Matrix A mit ungerader Zeilenzahl gilt: $\det A = 0$.

1.4.9. Man bestimme alle reellen symmetrischen $(2, 2)$-Matrizen X, die der folgenden Gleichung genügen (E: Einheitsmatrix):

a) $X^2 = E$,   b) $X^2 = \begin{bmatrix} 5 & 0 \\ 0 & 5 \end{bmatrix}$,   c) $X^2 = \begin{bmatrix} 1 & 0 \\ 0 & 4 \end{bmatrix}$.

2. Vektorrechnung in der Ebene und im Raum

2.1. Rechnen mit Vektoren

Addition, Subtraktion, Multiplikation eines Vektors mit einer Zahl, Betrag, skalares Produkt, vektorielles Produkt, Spatprodukt, gemischte Produkte, Projektion eines Vektors, Richtungskosinus (Bd. 13, 1.2., 1.3.)

Hinweise: Die Koordinatenangaben beziehen sich in diesem und den folgenden Abschnitten – wenn nicht ausdrücklich anders vermerkt – auf ein rechtsorientiertes kartesisches Koordinatensystem in der Ebene ($K = [0; e_1, e_2]$) bzw. im Raum ($K = [0; e_1, e_2, e_3]$).

Die Schreibweise $X\,(x_1, x_2, x_3)$ bzw. $X\,(x_1, x_2)$ bringt zum Ausdruck, daß X ein Punkt des Raumes bzw. der Ebene ist, der bezüglich des zugrunde gelegten Koordinatensystems $K = [0; e_1, e_2, e_3]$ bzw. $K = [0; e_1, e_2]$ die Koordinaten x_1, x_2, x_3 bzw. x_1, x_2 hat.

Bei einigen Aufgaben verwenden wir ein Parallelkoordinatensystem (affines Koordinatensystem, schiefwinkliges Koordinatensystem) $K = [0; v_1, v_2, v_3]$, bei dem nur die lineare Unabhängigkeit von v_1, v_2, v_3 vorausgesetzt wird.

2.1.1. Vorgegeben seien die Vektoren des Raumes

$$a = 3e_1 + 2e_2, \qquad b = -2e_1 + 4e_2, \qquad c = e_1 - 3e_3.$$

a) Man schreibe als Spaltenvektoren: a, b, c, a°, b°, c°, $a + b$, $b - c$, $a + b + c$, $a - 2b - 3c$.

b) Von den in a) angegebenen Vektoren berechne man die Länge (den Betrag).

2.1.2. Gegeben ist ein Viereck (in der üblichen Anordnung!) mit den Ecken $A(-1, -1)$, $B(3, 0)$, $C(3, 3)$, $D(-1, 2)$. Man bestimme:

a) die „Seitenvektoren" $\overrightarrow{AB}$, $\overrightarrow{BC}$, $\overrightarrow{CD}$, $\overrightarrow{DA}$, die „Diagonalvektoren" $\overrightarrow{AC}$, $\overrightarrow{BD}$ und die Länge dieser Vektoren,

b) die Winkel α, β, γ, δ.

2.1.3. Gegeben ist ein Dreieck mit den Ecken $A(1, 0)$, $B(5, 1)$, $C(2, 6)$. Man bestimme Vektoren u, v, w mit $u \parallel w_\beta$, $v \parallel s_a$, $w \parallel h_c$.

2.1.4. a, b seien zwei Vektoren (in der Ebene oder im Raum). Der Vektor a_b sei die Projektion von a auf b (vgl. Anhang A1).
Man berechne a_b in den folgenden Fällen:

a) $a = e_1 + 4e_2,$ $\qquad b = 3e_1 + e_2,$
b) $a = -3e_1 + 2e_2,$ $\qquad b = 3e_1 + e_2,$
c) $a = 2e_1 + e_2 + 3e_3,$ $\qquad b = 5e_1 - e_2 + e_3,$
d) $a = \alpha_1 e_1 + \alpha_2 e_2 + \alpha_3 e_3,$ $\qquad b = e_1,$
e) $a = 4e_1 + e_2 + 2e_3,$ $\qquad b = -e_1 + 2e_2 + e_3.$

Zusatzaufgabe: Man beweise allgemein, daß $a_b \parallel b$ und $(a_b - a) \perp b$ gilt.

2.1.5. Man zeige, daß folgende Gesetzmäßigkeiten bei der Projektion eines Vektors auf einen anderen Vektor gelten (vgl. Anhang A1):

a) $a_{(tb)} = a_b,$ $\qquad$ b) $(sa)_b = (sa)_{(tb)} = s \cdot a_b,$
c) $(a + b)_c = a_c + b_c,$ $\qquad$ d) $(\lambda a + \mu b)_c = \lambda a_c + \mu b_c.$

(Voraussetzungen: $b \neq o$, $t \neq 0$ bei a) und b); $c \neq o$ bei c) und d).)

2.1.6. A, B, C seien drei Punkte des Raumes; sie sollen nicht auf einer Geraden liegen. Man betrachte A, B, C als Eckpunkte eines Dreiecks und bestimme Vektoren t, u, v, w mit

$$t \| s_c, \quad u \| w_\alpha, \quad v \| h_a, \quad w \| m_b$$

(s_c: Seitenhalbierende von c; w_α: Winkelhalbierende von α; h_a: Höhe von a; m_b: Mittelsenkrechte von b).

Hinweis: Bei der Ermittlung des Vektors v kann 2.1.4. verwendet werden!

Zahlenbeispiel: Man berechne t, u, v, w für $A\,(1, 1, 0)$, $B\,(5, 0, 1)$, $C\,(2, 2, 7)$.

2.1.7. Von dem Vektor $a = 2e_1 + 3e_2 + 6e_3$ berechne man die Richtungskosinus $\cos(e_1; a)$, $\cos(e_2; a)$, $\cos(e_3; a)$ und die Richtungswinkel $\sphericalangle(e_i; a)$, $i = 1, 2, 3$.

2.1.8. Für die Richtungswinkel eines Vektors a mit der Länge 4 gelte: $\sphericalangle(e_1; a) = 50°$, $\sphericalangle(e_2; a) = 60°$ und $\dfrac{\pi}{2} < \sphericalangle(e_3; a) < \pi$. Wie groß ist $\sphericalangle(e_3; a)$? Wie lauten die Koordinaten von a? (Gibt es für a weitere Lösungen, wenn man $\dfrac{\pi}{2} < \sphericalangle(e_3; a) < \pi$ nicht fordert?)

2.1.9. Von einem Vektor $a = \alpha_1 e_1 + \alpha_2 e_2 + \alpha_3 e_3$ sei bekannt: $|a| = 7$, $\alpha_1 = 5$, $\alpha_3 = 2$. Man ermittle alle Vektoren a, die diese Bedingungen erfüllen! Welche Winkel schließt ein derartiger Vektor a mit den Vektoren e_1, e_2, e_3 ein?

2.1.10. Welche Vektoren $a = \alpha_1 e_1 + \alpha_2 e_2 + \alpha_3 e_3$ erfüllen die Bedingungen $|a| = 20$, $\sphericalangle(e_1; a) = \sphericalangle(e_2; a) = 60°$?

2.1.11. Man bestimme den Winkel zwischen den Vektoren a und b:

a) $a = 2e_1 - e_2 + 2e_3$, $\qquad b = -2e_1 + 2e_2$,

b) $a = 4e_1 - 2e_2 + 3e_3$, $\qquad b = 4e_1 + 5e_2 - 2e_3$,

c) $a = e_1 + 2e_2 + 2e_3$, $\qquad b = 3e_1 - 4e_3$.

2.1.12. Gegeben seien die Vektoren

$$a: \begin{bmatrix} 1 \\ -2 \\ 1 \end{bmatrix}, \qquad b: \begin{bmatrix} 1 \\ 0 \\ 1 \end{bmatrix}, \qquad c: \begin{bmatrix} 1 \\ 0 \\ -1 \end{bmatrix}.$$

Man berechne:

a) $|a|$, $|b|$, $|c|$, $\qquad\qquad$ b) ab, bc, ac,

c) $a \times c$, $b \times c$, $(a \times b)c$, $\quad$ d) $(a + c) \times (b + c)$, $(a \times c)(b \times c)$,

e) $a \times (b \times c)$, $(a \times b) \times c$, $\quad$ f) das Spatprodukt $[a, b, c]$.

2.1.13. Vorgegeben seien die Vektoren $a = e_1 - 2e_2 + 3e_3$ und $b = 2e_1 + 3e_2 + e_3$. Man ermittle zwei Vektoren x und y, für die gilt: $x \| b$, $y \perp b$ und $x + y = a$.

2.1.14. Gegeben sind die Vektoren $a = 3e_1 - e_2 + e_3$ und $b = e_1 + e_2 - e_3$. Man ermittle Einheitsvektoren, die senkrecht auf a stehen und mit b einen Winkel von 30° einschließen.

2.1.15. Man bestimme zwei Zahlen α_2 und α_3 so, daß der Vektor $a = e_1 + \alpha_2 e_2 + \alpha_3 e_3$ auf den Vektoren $b = -e_1 + 4e_2 + 2e_3$ und $c = 3e_1 - 3e_2 - e_3$ senkrecht steht.

2.1.16. Man zeige, daß die drei Vektoren $a = e_1 + 2e_2 + 2e_3$, $\quad b = 2e_1 + e_2 - 2e_3$,

$c = -2e_1 + 2e_2 - e_3$ paarweise aufeinander senkrecht stehen und in der angegebenen Reihenfolge ein Rechtssystem bilden.

2.1.17. a und b seien zwei Einheitsvektoren des Raumes, die einen Winkel von 60° einschließen.

a) Stehen die beiden Vektoren $x = 2a - 3b$ und $y = 4a + b$ aufeinander senkrecht?

b) Man bestimme $|x|$, $|y|$ und $|y - x|$.

c) Man bestimme die Winkel $\sphericalangle (-x, y - x)$ und $\sphericalangle(-y, x - y)$.

d) Man veranschauliche sich die Ergebnisse von a), b), c).

2.1.18. Man bestimme die Projektionen des Vektors $x = 3e_1 - 4e_2 + e_3$ auf die Koordinatenachsen, deren Längen und die Summe dieser Projektionen.

2.1.19. Zwei Vektoren a und b des Raumes sind durch ihre Beträge $|a| = 15$, $|b| = 10$ und je zwei Richtungskosinus $\cos(e_1; a) = 0{,}6$ und $\cos(e_2; a) = 0{,}8$ bzw. $\cos(e_1; b) = 0{,}4$ und $\cos(e_2; b) = 0{,}6$ gegeben.

Man berechne:

a) Die Koordinaten von a und b,

b) die Richtungswinkel $\sphericalangle (e_i; a)$ und $\sphericalangle (e_i; b)$ $(i = 1, 2, 3)$,

c) das Skalarprodukt ab,

d) den Winkel zwischen a und b,

e) die Projektion von a auf b.

2.1.20. Man beweise:

a) $a + b + c = o \Rightarrow a \times b = b \times c = c \times a$,

b) $a \perp b \Rightarrow a \times \big(a \times (a \times (a \times b))\big) = |a|^4 b$.

2.1.21. $a(\neq o)$ und $c(\neq o)$ seien zwei nichtparallele Vektoren des Raumes. Für welche Vektoren b gilt
$$a \times (b \times c) = (a \times b) \times c?$$

2.1.22. Man beweise mit Hilfe von Vektoren den Satz des Thales: Der Umfangswinkel über dem Durchmesser eines Kreises ist ein rechter Winkel.

2.1.23. Man beweise mit Hilfe von Vektoren den Kosinussatz der ebenen Trigonometrie ($c^2 = a^2 + b^2 - 2ab \cos \gamma$) und den Satz des Pythagoras ($c^2 = a^2 + b^2$).

2.1.24. A, B, C seien die Ecken eines gleichschenkligen Dreiecks mit $a = b$. Man beweise mit Hilfe von Vektoren: $s_c = h_c = w_\gamma$. (Anleitung: Man setze $u = \overrightarrow{CA}$, $v = \overrightarrow{CB}$, und ermittle Vektoren s, h, w mit $s \| s_c$, $h \| h_c$, $w \| w_\gamma$.)

2.1.25. a und b seien zwei vom Nullvektor verschiedene Vektoren.

a) Unter welcher Bedingung ist das Skalarprodukt ab positiv, negativ bzw. gleich null?

b) Wann gilt $|ab| = |a|\,|b|$? Wann gilt $ab = |a|\,|b|$?

2.1.26. Mit Hilfe des Vektorprodukts bestimme man den Oberflächeninhalt der durch $A(0, 0, 0)$, $B(4, 1, -1)$, $C(1, 6, 1)$ und $S(2, 2, 6)$ bestimmten Pyramide.

2.1.27. Vorgegeben seien zwei Winkel α und β mit $0 \leq \beta < \alpha \leq \dfrac{\pi}{2}$. Man betrachte α bzw. β als Winkel eines Einheitsvektors a° bzw. b° mit der positiven x-Achse (in einer x, y-Ebene) und beweise mit Hilfe der Richtungskosinus von a° und b°:

$$\cos(\alpha - \beta) = \cos\alpha\cos\beta + \sin\alpha\sin\beta.$$

2.1.28. A, B, C, D seien die Ecken eines Vierecks (in der üblichen Reihenfolge!) mit $|\overrightarrow{AB}| = |\overrightarrow{BC}|$ und $|\overrightarrow{CD}| = |\overrightarrow{DA}|$. Mit Hilfe von Vektoren beweise man, daß die Diagonalen dieses Drachenvierecks aufeinander senkrecht stehen.

2.1.29. Von einem positiv orientierten rechtwinklig-kartesischen Koordinatensystem $K = [0;\ e_1, e_2]$ gehen wir zur einem Parallalkoordinatensystem $K' = [0;\ v_1, v_2]$ mit $v_1 = 3e_1$ und $v_2 = -e_1 - 2e_2$ über. (Koordinatenursprung von K' ist gleich dem Koordinatenursprung von K in diesem Falle!) Bezüglich des Koordinatensystems K gelte:

$$a: \begin{bmatrix} 3 \\ 1 \end{bmatrix}, \qquad b: \begin{bmatrix} 0 \\ -2 \end{bmatrix}, \qquad c: \begin{bmatrix} -1 \\ 0 \end{bmatrix}, \qquad d: \begin{bmatrix} 4 \\ -3 \end{bmatrix}.$$

a) Man bestimme die Koordinatenvektoren a', b', c', d' von a, b, c, d bezüglich des Koordinatensystems K'.

b) Man berechne $a'^{\mathsf{T}}b', a'^{\mathsf{T}}c', a'^{\mathsf{T}}a'$.

2.1.30. Von einem positiv orientierten rechtwinklig-kartesischen Koordinatensystem $K = [0;\ e_1, e_2, e_3]$ gehen wir zu einem Parallelkoordinatensystem $K' = [0;\ v_1, v_2, v_3]$ mit $v_1 = 3e_1$, $v_2 = 2e_2$, $v_3 = -e_3$ über.
Bezüglich des Koordinatensystems K gelte:

$$a: \begin{bmatrix} 3 \\ 1 \\ 2 \end{bmatrix}, \qquad b: \begin{bmatrix} 4 \\ 0 \\ 5 \end{bmatrix}, \qquad c: \begin{bmatrix} -1 \\ 2 \\ -3 \end{bmatrix}.$$

Man bestimme die Koordinatenvektoren von $a + b$, $a - b$, $2a - 5c$, $a \times b$ bezüglich K und K'.

2.1.31. Vorgegeben ist ein Parallelkoordinatensystem $K = [0;\ v_1, v_2, v_3]$. $G = [g_{ik}]$ sei die aus den $g_{ik} := v_i v_k$ gebildete $(3, 3)$-Matrix. Man beweise, daß für je zwei Vektoren $a = \alpha_1 v_1 + \alpha_2 v_2 + \alpha_3 v_3$ und $b = \beta_1 v_1 + \beta_2 v_2 + \beta_3 v_3$ gilt: $ab = a^{\mathsf{T}} G b$.

Bemerkung: Die Größen g_{ik} werden auch metrische Koeffizienten oder metrische Fundamentalgrößen genannt.

2.1.32. Man beweise, daß für das Spatprodukt $[a, b, c]$ der drei Vektoren $a = \alpha_1 v_1 + \alpha_2 v_2 + \alpha_3 v_3$, $b = \beta_1 v_1 + \beta_2 v_2 + \beta_3 v_3$, $c = \gamma_1 v_1 + \gamma_2 v_2 + \gamma_3 v_3$ gilt:

$$[a, b, c] = [v_1, v_2, v_3] \cdot \det[a, b, c].$$

(Hinweis: Man berechne zunächst $b \times c$.)

2.2.   Lineare Abhängigkeit von Vektoren

Lineare Abhängigkeit und Unabhängigkeit, Linearkombination, Basis (Bd. 13, 1.2.7.)

2.2.1. Gegeben sind die Vektoren $v_1 = 4e_1 + 4e_2 - 2e_3$, $v_2 = 4e_1 - 2e_2 + 4e_3$, $v_3 = -2e_1 + 4e_2 + 4e_3$.

a) Man zeige, daß die Vektoren v_1, v_2, v_3 linear unabhängig sind. (Welche besondere Eigenschaft haben diese Vektoren bezüglich Länge und gegenseitiger Lage?)
b) Man stelle die Vektoren e_i als Linearkombinationen der Vektoren v_1, v_2, v_3 dar.

2.2.2. Die folgenden Vektortripel sollen auf lineare Abhängigkeit untersucht werden:

a) $\ a: \begin{bmatrix} 3 \\ -1 \\ 2 \end{bmatrix}, \quad b: \begin{bmatrix} 2 \\ 0 \\ 1 \end{bmatrix}, \quad c: \begin{bmatrix} 5 \\ -3 \\ 4 \end{bmatrix},$

b) $\ a: \begin{bmatrix} 2 \\ 1 \\ 1 \end{bmatrix}, \quad b: \begin{bmatrix} 2 \\ 3 \\ 1 \end{bmatrix}, \quad c: \begin{bmatrix} 1 \\ 2 \\ 4 \end{bmatrix},$

c) $\ a: \begin{bmatrix} 2 \\ -1 \\ -3 \end{bmatrix}, \quad b: \begin{bmatrix} -2 \\ 1 \\ 1 \end{bmatrix}, \quad c: \begin{bmatrix} -2 \\ 1 \\ -3 \end{bmatrix},$

d) $\ a: \begin{bmatrix} 2 \\ 1 \\ -2 \end{bmatrix}, \quad b: \begin{bmatrix} -1 \\ 3 \\ 5 \end{bmatrix}, \quad c: \begin{bmatrix} 5 \\ 7 \\ -3 \end{bmatrix}.$

Im Falle der linearen Abhängigkeit bestimme man drei Zahlen λ, μ, ν mit $(\lambda, \mu, \nu) \neq (0, 0, 0)$ so, daß $\lambda a + \mu b + \nu c = o$ gilt.

2.2.3. Gegeben sind die Vektoren $a = 5e_1 - 3e_2 - 2e_3$, $\quad b = 2e_1 + 2e_2 - 3e_3$, $c = e_1 - 4e_2 + 2e_3$. Man zeige, daß diese Vektoren eine Basis bilden und stelle den Vektor $p = 2e_1 + 4e_2 - 3e_3$ mittels dieser Basis dar.

2.2.4. Man zeige, daß die Vektoren $a = e_1 - e_2$, $b = e_1 + e_3$, $c = e_2 - e_3$ linear unabhängig sind und stelle den Vektor $v = 3e_1 - 2e_2 + e_3$ als Linearkombination von a, b, c dar.

2.2.5. Unter der Voraussetzung, daß es sich bei a, b, c um linear unabhängige Vektoren handelt, untersuche man die folgenden Vektortripel auf lineare Unabhängigkeit:

a) $a + 2b$, $b - a$, c,
b) $a - b$, $a - c$, $b - c$,
c) $a - b$, $b + c$, $b - c$,
d) $2a + b$, $a - b + 2c$, $9a + 3b + 2c$,
e) $b - a$, $c - b$, $a - c$,
f) $b - a$, $c - a$, $b + c - 2a$.

Im Falle der linearen Abhängigkeit des Vektortripels u, v, w bestimme man Zahlen λ, μ, ν mit $(\lambda, \mu, \nu) \neq (0, 0, 0)$ so, daß gilt: $\lambda u + \mu v + \nu w = o$.

2.2.6. a, b seien zwei linear unabhängige Vektoren des Raumes, $c = \lambda a + \mu b$ sei eine Linearkombination von a und b. Man berechne die Faktoren λ und μ (in Abhängigkeit von a, b und c).

2.2.7. Man beweise, daß die Vektoren $a \times b$, $a \times c$, $a \times d$ komplanar sind. (a, b, c, d: beliebige Vektoren des Raumes.)

2.2.8. Man bestimme ξ so, daß die drei Vektoren

$$x = 3e_1 + \xi e_2 - 2e_3, \quad a = -e_1 + 4e_2 + 2e_3, \quad b = 2e_1 + 5e_2 + 4e_3$$

komplanar sind.

2.2.9. Lassen sich alle Vektoren des Raumes als Linearkombinationen des folgenden Vektortripels x, y, z darstellen?

a) $x: \begin{bmatrix} 1 \\ 1 \\ 2 \end{bmatrix}$, $\quad y: \begin{bmatrix} 2 \\ 0 \\ 2 \end{bmatrix}$, $\quad z: \begin{bmatrix} 1 \\ 2 \\ 4 \end{bmatrix}$,

b) $x: \begin{bmatrix} 1 \\ 1 \\ 2 \end{bmatrix}$, $\quad y: \begin{bmatrix} 2 \\ 0 \\ 2 \end{bmatrix}$, $\quad z: \begin{bmatrix} 3 \\ 2 \\ 5 \end{bmatrix}$.

Können die Vektoren

$$a: \begin{bmatrix} 0 \\ 2 \\ 2 \end{bmatrix} \quad \text{und} \quad b: \begin{bmatrix} 2 \\ 2 \\ 1 \end{bmatrix}$$

als Linearkombination von x, y, z dargestellt werden?

2.2.10. a, b, c seien drei linear unabhängige Vektoren des Raumes. Welche der folgenden Angaben sind mit dieser Voraussetzung verträglich?

a) $|a| = |b| = 1$, $\quad |c| = 2$, $\quad ab = -\dfrac{1}{2}$, $\quad ac = bc = 0$,

b) $|a| = |b| = 1$, $\quad |c| = 2$, $\quad ab = -\dfrac{1}{2}$, $\quad bc = -2$, $\quad ac = 0$.

2.2.11. Es ist die Zahl α_2 so zu bestimmen, daß der Vektor $a = 2e_1 + \alpha_2 e_2 - 2e_3$ mit den Vektoren $b = -e_1 + 4e_2 + 2e_3$ und $c = 2e_1 + 5e_2 + 6e_3$ in einer Ebene liegt.

3. Lineare Gleichungssysteme

3.1. Homogene und inhomogene Systeme

(Bd. 13, 3.1.)

3.1.1. Man gebe alle Lösungen x der folgenden Gleichungen an:

a) $-2x = 0$, b) $(2 - \sqrt{4})\, x = 1$, c) $(\sqrt[3]{27} - 3)\, x = 0$.

3.1.2. In welchen Fällen hat die Gleichung $ax = b$

a) genau eine Lösung x, b) keine Lösung x, c) unendlich viele Lösungen x?

3.1.3. Vorgegeben werden die folgenden Gleichungssysteme:

a) $\begin{aligned} x - y &= 1, \\ x + y &= 2, \end{aligned}$ b) $\begin{aligned} x - y &= 1, \\ 2x - 2y &= \sqrt{4}, \end{aligned}$ c) $\begin{aligned} x - y &= 1, \\ 2x - 2y &= 0, \end{aligned}$

d) $\begin{aligned} x - 3y &= 0, \\ -x + y &= 0, \end{aligned}$ e) $\begin{aligned} 2x_1 - 2x_2 + 2x_3 &= 0, \\ 5x_1 - x_2 + 7x_3 &= 0, \end{aligned}$ f) $\begin{aligned} 9x - 12y &= 21, \\ 6x - 8y &= 14, \end{aligned}$

g) $\begin{aligned} 6x + 15y &= 9, \\ 4x + 10y &= 8, \end{aligned}$ h) $\begin{aligned} x_1 + 2x_2 + 3x_3 &= 1, \\ 2x_1 - x_2 + x_3 &= 2, \\ 3x_1 \qquad\ + x_3 &= 2, \end{aligned}$ i) $\begin{aligned} 2x + y - 3z &= 0, \\ x - 4y + 3z &= 0, \\ 3x + 6y - 9z &= 0. \end{aligned}$

α) Welche der Gleichungssysteme a) bis i) sind homogen? Welche spezielle Lösung ist Lösung eines jeden homogenen Gleichungssystems?

β) Mit elementaren Verfahrensweisen berechne man weitere Lösungen der homogenen Gleichungssysteme a) bis i), falls solche existieren. Eventuelle Lösungen sind in Matrizenschreibweise mit ganzzahligen Matrizenelementen anzugeben.

γ) Mit elementaren Verfahren berechne man die Gleichungssysteme a), f) und g).

δ) Mit elementaren Verfahren berechne man die Gleichungssysteme b), c) und h).

ε) Welche Aussage kann man über die Koeffizientendeterminante eines homogenen Gleichungssystems mit ebensoviel Gleichungen wie Unbekannten hinsichtlich der Existenz nichttrivialer Lösungen machen?
Gilt diese Aussage auch für inhomogene Gleichungssysteme? Man überprüfe die Antworten anhand der Gleichungssysteme a) bis i).

3.1.4. Man bestimme den Vektor x, der die Gleichung $Ax = b$ erfüllt:

$$A = \begin{bmatrix} 2 & 1 \\ -1 & 3 \end{bmatrix}, \qquad b = \begin{bmatrix} 4 \\ -9 \end{bmatrix}.$$

3.1.5.

a) Für welche Werte $\lambda \in R$ besitzt das homogene lineare Gleichungssystem

$$\begin{aligned} (1 - \lambda)x_1 + 2x_2 + 3x_3 &= 0, \\ 2x_1 - (4 + \lambda)x_2 - 2x_3 &= 0, \\ 3x_1 - 2x_2 + (1 - \lambda)x_3 &= 0 \end{aligned}$$

nichttriviale Lösungen?

b) Man gebe die allgemeine Lösung für den größten λ-Wert an.

3.2.   Allgemeine Lösung eines linearen Gleichungssystems

Cramersche Regel, Gauß-Algorithmus, Austauschverfahren (Bd. 13, 3.2., 3.3., 3.4., 5.3.)

3.2.1. Man bestimme alle nichttrivialen Lösungen der homogenen linearen Gleichungssysteme:

a)
$$x_1 - x_2 + 3x_3 = 0,$$
$$2x_1 + 3x_2 - x_3 = 0,$$
$$3x_1 + 7x_2 - 5x_3 = 0,$$

b)
$$2x_1 + x_2 + x_3 = 0,$$
$$-x_1 + 2x_2 + x_3 = 0,$$
$$3x_1 + 4x_2 + 3x_3 = 0,$$

c)
$$x_1 + 3x_2 + 2x_3 = 0,$$
$$2x_1 - 2x_2 + 5x_3 = 0,$$
$$-3x_1 + 3x_2 - 2x_3 = 0,$$

d)
$$2x_1 - 4x_2 + 3x_3 - 4x_4 = 0,$$
$$4x_1 + x_2 - 3x_3 + x_4 = 0,$$
$$x_1 - x_2 + 5x_3 + 8x_4 = 0,$$
$$3x_1 + x_2 - 2x_3 + 2x_4 = 0,$$

e)
$$2x_1 + 5x_2 + x_3 - x_4 = 0,$$
$$x_1 - 4x_2 + x_4 = 0,$$
$$-3x_1 + 7x_2 + x_3 - 6x_4 = 0,$$

f)
$$x_1 + 2x_2 - 2x_3 - 5x_4 + x_5 = 0,$$
$$x_1 + 3x_2 + 2x_3 - 6x_4 + 10x_5 = 0,$$
$$-2x_1 - 4x_2 + 2x_3 + 9x_4 - 6x_5 = 0,$$
$$-2x_1 - 4x_2 + 6x_3 + 11x_4 + 2x_5 = 0.$$

3.2.2. Für welche reellen Werte von λ haben die folgenden, homogenen linearen Gleichungssysteme nichttriviale Lösungen? Man berechne diese Lösungen mit dem Austauschverfahren oder mit Hilfe des Gauß-Algorithmus.

a)
$$\lambda x_1 + x_2 - x_3 = 0,$$
$$x_1 + \lambda x_2 + 2x_3 = 0,$$
$$x_1 + 2x_2 - \lambda x_3 = 0,$$

b)
$$-2x_1 + 4x_2 + (6 - \lambda)x_3 = 0,$$
$$5x_1 - (4 + \lambda)x_2 = 0,$$
$$(2 - \lambda)x_1 + 8x_2 = 0,$$

c)
$$(1 - \lambda)x_1 - \frac{4}{3}x_2 - 11x_3 - 5x_4 = 0,$$
$$2x_1 + (4 - \lambda)x_2 + 13x_3 + 3x_4 = 0,$$
$$x_1 + \lambda x_3 = 0,$$
$$2x_2 + 9x_3 + 3x_4 = 0.$$

3.2.3. Man bestimme

a) zu 3.2.2.a) diejenige Lösung, die durch die zusätzliche Gleichung $x_1 + x_2 + 2x_3 = 1$ festgelegt wird,

b) zu 3.2.2. c) die Lösungen mit $x_4 = 1$.

3.2.4. Man berechne, falls das möglich ist, mit Hilfe der Cramerschen Regel die Lösungen der folgenden Gleichungssysteme:

a)
$$2x_1 + 4x_2 + 3x_3 = 1,$$
$$3x_1 - 6x_2 - 2x_3 = -2,$$
$$-5x_1 + 8x_2 + 2x_3 = 4,$$

b)
$$2x_1 + 2x_2 + 5x_3 = 3,$$
$$x_1 - 3x_2 - 6x_3 = 5,$$
$$7x_1 - 5x_2 - 8x_3 = 15,$$

c)
$$3x_1 + x_2 - x_3 = 2,$$
$$2x_1 - x_2 + 4x_3 = 0,$$
$$x_1 + 5x_2 - 2x_3 = 1,$$

d)
$$x_1 - 3x_2 + 2x_3 = 1,$$
$$2x_1 - 5x_2 + 3x_3 = 3,$$
$$3x_1 + x_2 - 2x_3 = 9.$$

3.2.5.

a) Man bestimme mit der Cramerschen Regel die Lösung $x(t)$, $y(t)$ und $z(t)$ des nachfolgenden Gleichungssystems:

$$
\begin{aligned}
tx + \quad y + \quad z &= \sqrt{t}, \\
\sqrt{t}\,x + \quad ty - \quad tz &= -t^3, \\
x - \sqrt{t}\,y - t^2 z &= t \qquad \text{für} \quad t > 0,\ t \in R.
\end{aligned}
$$

b) Gegen welchen Grenzwert strebt die Lösung für $t \to 0$? Wie lautet die Lösung für $t = 0$?

3.2.6. Mit dem Austauschverfahren oder mit Hilfe des Gauß-Algorithmus löse man die folgenden Gleichungssysteme (falls sie eine Lösung haben):

a)
$$
\begin{aligned}
3x_1 + 2x_2 + 2x_3 &= -1, \\
x_1 + 6x_2 - \quad x_3 &= 3, \\
4x_1 + \quad x_2 + 5x_3 &= -6,
\end{aligned}
$$

b)
$$
\begin{aligned}
x_1 - 2x_2 + 3x_3 &= 4, \\
3x_1 + \quad x_2 - 5x_3 &= 5, \\
2x_1 - 3x_2 + 4x_3 &= 7,
\end{aligned}
$$

c)
$$
\begin{aligned}
2x_1 - \quad x_2 - \quad x_3 + 2x_4 &= 3, \\
6x_1 - 2x_2 + 3x_3 - \quad x_4 &= -3, \\
-4x_1 + 2x_2 + 3x_3 - 2x_4 &= -2, \\
2x_1 \quad\quad + 4x_3 - 3x_4 &= -1,
\end{aligned}
$$

d)
$$
\begin{aligned}
- x_1 - 2x_2 + \quad x_3 + 3x_4 &= 1, \\
x_1 \quad\quad + 3x_3 + 2x_4 &= 3, \\
3x_1 + 2x_2 + 4x_3 - \quad x_4 &= 1, \\
-2x_1 + 6x_2 - 2x_3 - 2x_4 &= 16,
\end{aligned}
$$

e)
$$
\begin{aligned}
x_1 + 2x_2 + 2x_3 \quad\quad &= -1, \\
2x_1 + 4x_2 + 3x_3 - \quad x_4 &= 1, \\
-x_1 - 2x_2 + \quad x_3 + 2x_4 &= -8, \\
-3x_1 - 6x_2 + 2x_3 + 3x_4 &= -21,
\end{aligned}
$$

f)
$$
\begin{aligned}
x_1 - 2x_2 + 2x_3 + 3x_4 &= 3, \\
x_1 + 3x_2 + \quad x_3 + 3x_4 &= 13, \\
2x_1 + \quad x_2 + 5x_3 - 4x_4 &= 6, \\
2x_1 - 4x_2 + 6x_3 - 4x_4 &= -4,
\end{aligned}
$$

g)
$$
\begin{aligned}
6x_1 + 4x_2 + 8x_3 + 17x_4 &= -20, \\
3x_1 + 2x_2 + 5x_3 + \quad 8x_4 &= -8, \\
3x_1 + 2x_2 + 7x_3 + \quad 7x_4 &= -4, \\
2x_3 - \quad x_4 &= 4,
\end{aligned}
$$

h)
$$
\begin{aligned}
3x_1 + \quad x_2 - \quad x_3 \quad\quad + 4x_5 &= 5, \\
-2x_1 + 2x_2 \quad\quad + \quad x_4 + 5x_5 &= 0, \\
- \quad x_2 + 2x_3 - 3x_4 - 4x_5 &= -5, \\
x_1 + 3x_2 + 3x_3 \quad\quad - 2x_5 &= 3, \\
2x_1 \quad\quad + 3x_3 + \quad x_4 + 2x_5 &= 18,
\end{aligned}
$$

i)
$$
\begin{aligned}
x_1 + 2x_2 + 3x_3 + \quad x_4 + \quad x_5 &= 3, \\
x_1 + 3x_2 + 3x_3 + 2x_4 + \quad x_5 &= 6, \\
x_1 + 4x_2 + 3x_3 + 2x_4 + 2x_5 &= 5, \\
x_1 + \quad x_2 + 2x_3 + \quad x_4 + \quad x_5 &= 1, \\
x_1 + 5x_2 + 4x_3 + 2x_4 + 2x_5 &= 7,
\end{aligned}
$$

j)
$$
\begin{aligned}
x_1 + \quad 3x_2 + 2x_3 &= 19, \\
2x_1 - 18x_2 + \quad x_3 &= -85, \\
-6x_1 + \quad 2x_2 + 3x_3 &= 1, \\
3x_1 + \quad\quad x_2 + 5x_3 &= 16,
\end{aligned}
$$

k)
$$
\begin{aligned}
3x_1 - \quad x_2 + \quad 2x_3 &= 1, \\
7x_1 - 4x_2 - \quad\quad x_3 &= 0, \\
-x_1 - 3x_2 - 12x_3 &= -5, \\
-x_1 + 2x_2 + \quad 5x_3 &= 2, \\
5x_2 + 17x_3 &= 7,
\end{aligned}
$$

l)
$$
\begin{aligned}
3x_1 - \quad x_2 + \quad 2x_3 &= 1, \\
7x_1 - 4x_2 - \quad\quad x_3 &= -2, \\
-x_1 - 3x_2 - 12x_3 &= -5, \\
-x_1 + 2x_2 + \quad 5x_3 &= 2, \\
5x_2 + 17x_3 &= 7,
\end{aligned}
$$

m)
$$
\begin{aligned}
x_1 + 2x_2 \quad\quad - 3x_4 &= 10, \\
2x_1 + \quad x_2 - 3x_3 + 2x_4 &= 1, \\
-x_1 + \quad x_2 + 3x_3 - 2x_4 &= 3,
\end{aligned}
$$

n)
$$
\begin{aligned}
3x_1 + \quad x_2 - \quad x_3 - 5x_4 &= 1, \\
x_1 - 4x_2 + 3x_3 - 2x_4 &= 0,
\end{aligned}
$$

o) $\begin{aligned} x_1 + 2x_2 - x_3 + 3x_4 - x_5 &= 1, \\ 3x_1 - x_2 + 4x_3 - x_4 + 5x_5 &= 2, \end{aligned}$

p) $\begin{aligned} -x_1 + x_2 + x_3 - x_5 &= 0, \\ x_1 - x_2 - 3x_3 + 2x_4 - x_5 &= 2, \\ 3x_2 - x_3 - 5x_4 - 7x_5 &= 9, \\ 3x_1 - 3x_2 - 5x_3 + 2x_4 + 5x_5 &= 2, \end{aligned}$

q) $\begin{aligned} x_1 + 2x_2 - x_3 + 4x_5 &= 2, \\ x_1 + 4x_2 - 5x_3 + x_4 + 3x_5 &= 1, \\ 2x_1 - 2x_2 + 10x_3 + x_4 - x_5 &= 11, \\ 3x_1 + 2x_2 + 5x_3 + 2x_4 + 2x_5 &= 12, \end{aligned}$

r) $\begin{aligned} x_1 + x_2 &= 3, \\ x_2 + x_3 &= 1, \\ x_3 + x_4 &= 1, \\ x_1 + x_3 &= 1, \\ x_3 + 2x_4 &= 3, \\ x_1 + x_2 + x_3 + x_4 &= 0. \end{aligned}$

3.2.7. Wie lautet diejenige spezielle Lösung des in 3.2.6.f) angegebenen Gleichungssystems, die der Zusatzbedingung $x_1 + x_2 + x_3 + x_4 = 1$ genügt?

3.2.8. Von dem linearen Gleichungssystem $Ax = b$ bestimme man – falls das Gleichungssystem lösbar ist – die allgemeine Lösung:

a) $A = \begin{bmatrix} 1 & 2 & 2 & -1 & 4 \\ 3 & 5 & 2 & 1 & 1 \\ -1 & 1 & -2 & 0 & 3 \end{bmatrix}, \quad b = \begin{bmatrix} -1 \\ 7 \\ 7 \end{bmatrix},$

b) $A = \begin{bmatrix} 2 & 0 & 3 & -1 \\ 1 & 2 & -1 & 2 \\ 4 & 4 & 1 & 3 \end{bmatrix}, \quad b = \begin{bmatrix} 1 \\ 2 \\ 1 \end{bmatrix},$

c) $A = \begin{bmatrix} 1 & 5 \\ 5 & 1 \\ 13 & -7 \end{bmatrix}, \quad b = \begin{bmatrix} 2 \\ 3 \\ 5 \end{bmatrix},$ d) $A = \begin{bmatrix} 1 & 5 \\ 5 & 1 \\ 3 & 2 \end{bmatrix}, \quad b = \begin{bmatrix} 2 \\ 3 \\ 6 \end{bmatrix},$

e) $A = \begin{bmatrix} -2 & -3 & -6 \\ 6 & 7 & 0 \\ 0 & -1 & -9 \\ 4 & 5 & 3 \end{bmatrix}, \quad b = \begin{bmatrix} -1 \\ -9 \\ -6 \\ -4 \end{bmatrix},$

f) $A = \begin{bmatrix} 1 & 3 & 2 & 1 & 1 \\ 2 & 5 & 3 & 2 & 1 \\ -1 & 0 & -1 & 1 & 2 \end{bmatrix}, \quad b = \begin{bmatrix} 11 \\ 18 \\ -3 \end{bmatrix}.$

3.2.9. Man löse das Gleichungssystem $Ax = \alpha a + \beta b$ mit

$$A = \begin{bmatrix} 1 & 0 & 3 \\ 2 & 1 & 1 \\ 1 & 3 & 2 \end{bmatrix}, \quad a = \begin{bmatrix} 18 \\ 8 \\ 4 \end{bmatrix}, \quad b = \begin{bmatrix} 10 \\ -1 \\ 3 \end{bmatrix}.$$

3.2.10. Man bestimme die Werte λ (λ reell), für die die folgenden Gleichungssysteme keine eindeutige bzw. gar keine Lösung besitzen:

a) $\lambda x_1 \qquad + x_3 = 1,$ b) $-\ (3 + \lambda)x_1 \qquad + x_2 \qquad + 3x_3 = 2,$

$\qquad 6x_1 + \lambda x_2 \qquad\ = 5, \qquad\qquad -5x_1 + (2 - \lambda)x_2 \qquad + 4x_3 = 1,$

$\qquad 7x_1 +\ x_2 + \lambda x_3 = 6, \qquad\qquad -3x_1 \qquad\quad + x_2 + (3 - \lambda)x_3 = 3.$

3.2.11. Man bestimme die Werte λ (λ reell), für die das nachfolgende Gleichungssystem eindeutig lösbar ist.

$$(4 - \lambda)x_1 +\ x_2 \qquad + 2x_3 = 2,$$
$$-x_1 - \lambda x_2 \qquad -\ x_3 = 0,$$
$$2x_2 + (2 - \lambda)x_3 = 1.$$

3.2.12. Gegeben ist das Gleichungssystem

$$2x_1 +\ x_2 +\ x_3 = 0,$$
$$-2\lambda x_1 + \lambda x_2 + 9x_3 = 6,$$
$$2x_1 + 2x_2 + \lambda x_3 = 1.$$

a) Für welche Werte λ (λ reell) ist das Gleichungssystem eindeutig lösbar?

b) Für welche Werte λ (λ reell) existieren unendlich viele Lösungen?

c) Für welche Werte λ (λ reell) existieren keine Lösungen?

d) Man berechne die Lösung für $\lambda = 1$.

e) Man berechne die Lösung zu b).

f) Wie können die Ergebnisse von a), b) und c) geometrisch gedeutet werden?

3.2.13. Gegeben ist das Gleichungssystem

$$x_1 - 2x_2 + 3x_3 + 4 = 0,$$
$$2x_1 +\ x_2 +\ x_3 - 2 = 0,$$
$$x_1 + ax_2 + 2x_3 + b = 0.$$

a) Mit Hilfe des Austauschverfahrens oder des Gaußschen Algorithmus entscheide man, für welche Werte a und b das System

   α) genau eine Lösung,

   β) keine Lösung,

   γ) unendlich viele Lösungen

besitzt.

b) Man gebe die Lösung des Systems für die speziellen Werte $a = 1$ und $b = 4$ an.

c) Man betrachte jede Gleichung des Systems als Gleichung einer Ebene. Was bedeutet dann der Fall γ) geometrisch, und wie lautet der geometrische Ort aller Lösungspunkte?

3.2.14. Man kann ein Gleichungssystem mit bekannter Lösung erhalten, indem man zum Beispiel in die Ausdrücke

$$x_1 +\ 2x_2 -\ x_3,$$
$$x_1 -\ x_2 +\ x_3,$$
$$x_1 + 14x_2 - 9x_3 \tag{1}$$

die gewünschte Lösung $x_1 = 1$, $x_2 = 2$ und $x_3 = 3$ einsetzt. Damit erhält man das System (2):

$$x_1 +\ 2x_2 -\ x_3 = 2,$$
$$x_1 -\ x_2 +\ x_3 = 2,$$
$$x_1 + 14x_2 - 9x_3 = 2. \tag{2}$$

Nun ist aber, wie man leicht überprüfen kann, auch $\tilde{x}_1 = 2$, $\tilde{x}_2 = 0$ und $\tilde{x}_3 = 0$ eine Lösung von (2).

Warum hat das System (2) mehrere Lösungen?

3.2.15. Ein Betrieb stellt die Erzeugnisse E_1, E_2 und E_3 her, die auf den Maschinen M_1, M_2 und M_3 bearbeitet werden müssen. Aus der nachfolgenden Tabelle ist zu ersehen, wieviel Stunden auf jeder Maschine benötigt werden, um eine Einheit von E_i ($i=1, 2, 3$) herzustellen.

	E_1	E_2	E_3
M_1	3	2	3
M_2	2	0	5
M_3	1	2	4

Wieviel Einheiten eines jeden Erzeugnisses werden produziert, wenn auf jeder Maschine genau 120 Stunden gearbeitet wird?

3.2.16. Nach einem Lehrgang sollen 30 Personen mit je einem Buch prämiiert werden. Es stehen genau 600 M zur Verfügung, um Bücher im Wert von 30 M, 24 M und 18 M zu kaufen.

Welche Möglichkeiten für den Kauf dieser 30 Bücher gibt es, wenn von jedem Buch mindestens ein Exemplar verwendet werden soll?

3.2.17. Die Zahl 23 ist so in drei positive, ganzzahlige Summanden zu zerlegen, daß das Dreifache des ersten, das Achtfache des zweiten und das Elffache des dritten Summanden die Summe 200 ergibt.

3.2.18. Durch Anwendung des vollständigen Austauschverfahrens gebe man die x_i in Abhängigkeit der y_i ($i = 1, 2, 3$) an.

a) $y_1 = \ \ x_1 - 2x_3,$

$\ \ \ \ y_2 = 3x_1 + 7x_2,$

$\ \ \ \ y_3 = 6x_2 + 5x_3,$

b) $y_1 = x_1 + 3x_2 - 2x_3,$

$\ \ \ \ y_2 = \dfrac{1}{2}x_1 - 2x_2 + 3x_3,$

$\ \ \ \ y_3 = x_1 + \dfrac{1}{2}x_2 + \ \ x_3.$

3.2.19. Man löse mit Hilfe des Austauschverfahrens oder mit dem Gaußschen Algorithmus das nachfolgende Gleichungssystem nach x_1, x_2, x_3, x_4 auf und berechne die x_i ($i = 1, \dots, 4$), falls $y_1 = 3$, $y_2 = -6$, $y_3 = 7$ und $y_4 = 1$ gilt.

$$y_1 = \ \ \ 2x_1 - \ \ x_2 - 2x_3 + \ \ x_4 + 2,$$
$$y_2 = \ \ -x_1 + \ \ x_2 + 2x_3 + \ \ x_4 - 4,$$
$$y_3 = \ \ \ 3x_1 - 2x_2 + 2x_3 - 3x_4 + 1,$$
$$y_4 = -2x_1 + \ \ x_2 - 3x_3 + \ \ x_4 + 2.$$

3.2.20. Von dem nachfolgenden Gleichungssystem bestimme man
a) die allgemeine Lösung des zugehörigen homogenen Systems,
b) die allgemeine Lösung des inhomogenen Systems.

$$\begin{bmatrix} -2 & 1 & 3 & -1 \\ 4 & -2 & -1 & 2 \\ -2 & 1 & 8 & -1 \\ -10 & 5 & 25 & -5 \end{bmatrix} \cdot \begin{bmatrix} x_1 \\ x_2 \\ x_3 \\ x_4 \end{bmatrix} = \begin{bmatrix} 2 \\ -9 \\ -3 \\ 0 \end{bmatrix}.$$

3.2.21. Gegeben ist das inhomogene lineare Gleichungssystem

$$x_1 + x_2 + x_3 = 1,$$
$$x_1 + x_2 - x_3 = 1,$$
$$x_1 - x_2 + x_3 = 1,$$
$$-x_1 + x_2 + x_3 = 1,$$

a) Man untersuche das System auf Lösbarkeit.
b) Durch welche Zahl ist die Eins auf der rechten Seite der ersten Gleichung zu ersetzen, damit das System lösbar wird?

3.2.22. Man bestimme ein lineares Gleichungssystem $Ax = b$ mit zwei Gleichungen und vier Unbekannten, welches

$$x = \begin{bmatrix} 1 \\ 0 \\ 0 \\ 4 \end{bmatrix} + t_1 \begin{bmatrix} 3 \\ 1 \\ 0 \\ 2 \end{bmatrix} + t_2 \begin{bmatrix} 1 \\ 0 \\ 2 \\ 0 \end{bmatrix} = x_0 + t_1 \cdot x_1 + t_2 \cdot x_2$$

als allgemeine Lösung besitzt.

3.2.23. Man bestimme den Rang r der Koeffizientenmatrix und den Rang r_e der erweiterten Koeffizientenmatrix. Auf der Grundlage dieser Ergebnisse entscheide man über die Lösbarkeit der folgenden linearen Gleichungssysteme. Wieviel – geeignet ausgewählte – Unbekannte können beliebig festgelegt werden?

a)
$$x_1 + x_2 + x_3 = 2,$$
$$3x_1 + 2x_2 + x_3 = 2,$$
$$2x_1 + 3x_2 + 4x_3 = 3,$$

b)
$$2x_1 - 2x_2 + 2x_3 = 0,$$
$$5x_1 - x_2 + 7x_3 = 0,$$
$$3x_1 - x_2 + 4x_3 = 0,$$

c)
$$6x_1 + 4x_2 + 8x_3 + 17x_4 = -20,$$
$$3x_1 + 2x_2 + 5x_3 + 8x_4 = -8,$$
$$3x_1 + 2x_2 + 7x_3 + 7x_4 = -4,$$
$$2x_3 - x_4 = 4,$$

d)
$$x_1 + x_2 = 3,$$
$$x_1 + x_4 = 5,$$
$$x_1 + x_3 + x_4 = 8,$$
$$2x_1 + x_3 - x_4 = 1,$$

e)
$$3x_1 + 4x_2 - x_3 = 1,$$
$$x_1 - x_2 + x_3 = 0,$$
$$5x_1 + 2x_2 + x_3 = 2,$$

f)
$$3x_1 + 2x_2 - x_4 = 5,$$
$$4x_2 + 2x_3 - 3x_4 = 3,$$
$$x_1 - 5x_2 - x_3 + 3x_4 = 2,$$
$$2x_1 - x_4 = 1.$$

3.3.   Systeme von linearen Ungleichungen

(Bd. 13, 3.6.)

3.3.1. Bei den folgenden Ungleichungssystemen für x, y ermittle man die Lösungsmenge graphisch. (Die Lösungsmenge soll in der x, y-Ebene eingezeichnet werden!)

a)
$$-y \leqq 0,$$
$$x + y \leqq 2,$$
$$-3x + 2y \leqq 9,$$

b)
$$x \leqq 4,$$
$$x + 4y \leqq 8,$$
$$-2x + y \leqq 2,$$

c)
$$x \leqq 4,$$
$$x + 4y \leqq 8,$$
$$-x - 4y \leqq -8,$$

d)
$$-y \leqq -4,$$
$$-3x + y \leqq 2,$$
$$-3x + 2y \leqq 9.$$

3.3.2. Von der Lösungsmenge der folgenden Ungleichungssysteme für x, y, z bzw. x_1, x_2, x_3 sollen Grund- und Aufriß oder ein Schrägriß angefertigt werden.

a)
$$-x \leqq 0,$$
$$-y \leqq 0,$$
$$-z \leqq 0,$$
$$6x + 3y + 2z \leqq 6,$$

b) $-2 \leqq x \leqq 3,$
$$-1 \leqq y \leqq 4,$$
$$0 \leqq z \leqq x + 3,$$

c) $\quad x_1 \geqq 0, x_2 \geqq 0,$
$$-2 \leqq \quad x_3 \leqq 4,$$
$$x_1 + \quad x_2 \geqq 3,$$
$$x_1 + \quad x_2 \leqq 5,$$

d) $\quad -x_1 \leqq 2,$
$$x_2 \geqq 0,$$
$$x_3 \geqq 0,$$
$$2x_2 + x_3 \leqq 6.$$

3.3.3. Man bestimme den Durchschnitt der Geraden g mit den in 3.3.2. c), d) angegebenen Bereichen.

$$g: \begin{bmatrix} x_1 \\ x_2 \\ x_3 \end{bmatrix} = t \begin{bmatrix} 2 \\ 2 \\ 1 \end{bmatrix}, \ -\infty < t < \infty.$$

3.3.4. Man beweise, daß die Menge $M = \{x \mid Ax \leqq b\}$ konvex ist. (Eine Menge $M \subset R^n$ heißt konvex, wenn mit $\overset{1}{x} \in M$ und $\overset{2}{x} \in M$ auch die gesamte Verbindungsstrecke $S = \left\{ y \mid y = \overset{1}{x} + \lambda \left(\overset{2}{x} - \overset{1}{x} \right), 0 \leqq \lambda \leqq 1 \right\}$ zu M gehört.)

3.3.5. Man ermittle die Menge aller Punkte (x, y), die der Ungleichung $|x| + 2|y| \leqq 4$ genügen.

(Hinweis: Die vorgegebene Ungleichung kann in jedem der vier Quadranten der x,y-Ebene durch eine lineare Ungleichung ersetzt werden.)

3.3.6. In welchen Punkten trifft die Halbgerade h zum ersten Mal auf die in 3.3.2. a), b) angegebenen Bereiche?

$$h: \begin{bmatrix} x \\ y \\ z \end{bmatrix} = \begin{bmatrix} 5 \\ 5 \\ 1 \end{bmatrix} + t \begin{bmatrix} -5 \\ -5 \\ 1 \end{bmatrix}, \ t \geqq 0.$$

3.4.   Lineare Abhängigkeit von Spaltenvektoren; Rang einer Matrix

(Bd. 13, 1.2.7., 3.3.)

3.4.1. Die folgenden Systeme von Spaltenvektoren sind auf lineare Abhängigkeit zu untersuchen! Bei welchen Aufgaben kann der jeweils letzte Spaltenvektor als Linearkombination der übrigen Spaltenvektoren dargestellt werden?

a) $\begin{bmatrix} -2 \\ 1 \end{bmatrix}, \begin{bmatrix} 4 \\ -2 \end{bmatrix},$

b) $\begin{bmatrix} 3 \\ 1 \end{bmatrix}, \begin{bmatrix} -1 \\ 2 \end{bmatrix},$

c) $\begin{bmatrix} 1 \\ 0 \end{bmatrix}, \begin{bmatrix} 0 \\ 1 \end{bmatrix}, \begin{bmatrix} 2 \\ 2 \end{bmatrix},$

d) $\begin{bmatrix} 1 \\ 0 \\ 2 \end{bmatrix}, \begin{bmatrix} 0 \\ 1 \\ 3 \end{bmatrix}, \begin{bmatrix} 4 \\ 5 \\ 6 \end{bmatrix},$

e) $\begin{bmatrix} -1 \\ 2 \\ 3 \end{bmatrix}, \begin{bmatrix} 4 \\ -3 \\ 0 \end{bmatrix}, \begin{bmatrix} -14 \\ 13 \\ 6 \end{bmatrix},$

f) $\begin{bmatrix} 3 \\ 1 \\ 4 \end{bmatrix}, \begin{bmatrix} -1 \\ 2 \\ 0 \end{bmatrix}, \begin{bmatrix} 0 \\ 0 \\ 0 \end{bmatrix},$

g) $\begin{bmatrix} 3 \\ 1 \\ 2 \\ 4 \end{bmatrix}, \begin{bmatrix} -1 \\ -2 \\ 0 \\ 3 \end{bmatrix}, \begin{bmatrix} 4 \\ 2 \\ 1 \\ 5 \end{bmatrix},$ h) $\begin{bmatrix} 4 \\ -2 \\ 1 \\ 3 \end{bmatrix}, \begin{bmatrix} -2 \\ 1 \\ 5 \\ 6 \end{bmatrix}, \begin{bmatrix} 16 \\ -8 \\ -18 \\ -18 \end{bmatrix}.$

3.4.2. Die folgenden Systeme von Spaltenvektoren erzeugen einen Unterraum im R^5. Man ermittle die Dimension dieses Unterraumes!

a) $\begin{bmatrix} 2 \\ 1 \\ 0 \\ 0 \\ 3 \end{bmatrix}, \begin{bmatrix} 1 \\ 0 \\ 1 \\ 0 \\ 0 \end{bmatrix}, \begin{bmatrix} 1 \\ 1 \\ 0 \\ 2 \\ 1 \end{bmatrix}, \begin{bmatrix} 1 \\ -1 \\ 1 \\ -4 \\ 1 \end{bmatrix},$ b) $\begin{bmatrix} 2 \\ 1 \\ 0 \\ 0 \\ 3 \end{bmatrix}, \begin{bmatrix} 1 \\ -1 \\ 1 \\ -4 \\ 1 \end{bmatrix}, \begin{bmatrix} 1 \\ 2 \\ -1 \\ 4 \\ -2 \end{bmatrix}, \begin{bmatrix} 3 \\ 0 \\ 1 \\ -4 \\ 4 \end{bmatrix},$ c) $\begin{bmatrix} 1 \\ 1 \\ 0 \\ 2 \\ 1 \end{bmatrix}, \begin{bmatrix} 2 \\ 1 \\ 0 \\ 0 \\ 3 \end{bmatrix}\begin{bmatrix} 1 \\ 0 \\ 2 \\ 2 \\ 1 \end{bmatrix}.$

3.4.3. Man bestimme den Rang der folgenden Matrizen:

a) $\begin{bmatrix} 1 & 2 & 2 & 1 & 4 \\ 2 & 5 & 7 & 1 & 8 \\ 1 & 3 & 4 & 3 & 7 \\ 3 & 4 & 1 & 2 & 9 \end{bmatrix},$ b) $\begin{bmatrix} 0 & 4 & 10 & 1 \\ 4 & 8 & 18 & 7 \\ 10 & 18 & 40 & 17 \\ 1 & 7 & 17 & 3 \end{bmatrix},$

c) $\begin{bmatrix} 2 & 1 & 11 & 2 \\ 1 & 0 & 4 & -1 \\ 11 & 4 & 56 & 5 \\ 2 & -1 & 5 & -6 \end{bmatrix},$ d) $\begin{bmatrix} 1 & 4 & 0 & 2 & -3 & -1 \\ 0 & 2 & 1 & 3 & 4 & 0 \\ -2 & 1 & 0 & -1 & 2 & 4 \\ -3 & -1 & 1 & 0 & 9 & 5 \\ -1 & 7 & 1 & 4 & 3 & 3 \end{bmatrix},$

e) $\begin{bmatrix} 3 & 2 & 4 & 1 & 0 \\ -1 & 0 & 2 & 4 & 1 \\ 0 & 1 & -4 & 3 & -1 \\ 1 & 3 & 0 & 2 & -1 \end{bmatrix},$ f) $\begin{bmatrix} 1 & 2 & 1 & -1 & -2 & 1 \\ 2 & 5 & 1 & 1 & 4 & 3 \\ -1 & 0 & 2 & 3 & 2 & -2 \\ 2 & 7 & 4 & 3 & 0 & 2 \end{bmatrix}.$

3.4.4.

$v_1 = \begin{bmatrix} 1 \\ 3 \\ 0 \\ 2 \end{bmatrix}, \quad v_2 = \begin{bmatrix} 3 \\ 4 \\ 1 \\ 0 \end{bmatrix}, \quad v_3 = \begin{bmatrix} 0 \\ 5 \\ 2 \\ 6 \end{bmatrix}, \quad v_4 = \begin{bmatrix} 2 \\ 0 \\ 1 \\ 5 \end{bmatrix};$

$e_1 = \begin{bmatrix} 1 \\ 0 \\ 0 \\ 0 \end{bmatrix}, \quad e_2 = \begin{bmatrix} 0 \\ 1 \\ 0 \\ 0 \end{bmatrix}, \quad e_3 = \begin{bmatrix} 0 \\ 0 \\ 1 \\ 0 \end{bmatrix}, \quad e_4 = \begin{bmatrix} 0 \\ 0 \\ 0 \\ 1 \end{bmatrix}.$

a) Man zeige, daß die Vektoren $v_1, \ldots, v_4$ und $e_1, \ldots, e_4$ jeweils eine Basis des R^4 bilden.
b) Man stelle jeden Vektor $e_i (i = 1, \ldots, 4)$ als Linearkombination der Vektoren $v_1, \ldots, v_4$ dar.
c) Man stelle jeden Vektor $v_i (i = 1, \ldots, 4)$ als Linearkombination der Vektoren $e_1, \ldots, e_4$ dar.

4.   Analytische Geometrie

(Vorbereitungsband 7., 8., Bd. 13, 1.4.)

4.1.   Gleichungen von Geraden und Ebenen

Parameterdarstellung, parameterfreie Darstellung, Hessesche Normalform, Plückersche Darstellung, Achsenabschnittsform

4.1.1. Man gebe die Gleichung einer Geraden g des zweidimensionalen Raumes (x, y-Ebene bzw. x_1, x_2-Ebene) in Parameterdarstellung und in parameterfreier Darstellung an, wenn jeweils gefordert wird:

1. g ist die x-Achse.
2. g ist die y-Achse.
3. g geht durch den Ursprung, verläuft im 1. und 3. Quadranten und bildet mit der
   x-Achse einen Winkel φ mit $\tan \varphi = \dfrac{2}{5}$.
4. g geht durch den Ursprung, verläuft im 1. und 3. Quadranten und bildet mit der
   y-Achse einen Winkel $\varphi = 30°$.
5. g geht durch den Punkt $P(\sqrt{3}, 3)$, verläuft im 1. und 3. Quadranten und bildet mit
   der x-Achse einen Winkel $\varphi = 60°$.
6. g geht durch die Punkte $P(-1,9)$ und $Q(5, -3)$.
7. g geht durch die Punkte $A(2, -3)$ und $B(0, -6)$.
8. g schneidet auf der negativen x-Achse die Strecke $s = 4$ und auf der positiven y-Achse
   die Strecke $t = 12$ ab.
9. g hat den Richtungsvektor $q = -4e_1 + 2e_2$ und geht durch den Ursprung.
10. g ist zur Geraden $2x - y = 3$ parallel und geht durch den Punkt $P(1, -3)$.

4.1.2. Man gebe die Gleichung einer Geraden g des dreidimensionalen Raumes (des x, y, z-Raumes bzw. des x_1, x_2, x_3-Raumes) in Parameterdarstellung an, wenn jeweils gefordert wird:

1. g ist die x-Achse;
2. g ist die z-Achse;
3. g verläuft parallel zur y-Achse und geht durch Punkt $P(1, 2, 3)$;
4. g ist parallel zu dem Vektor $a = e_1 + 2e_2 - 2e_3$ und geht durch den Punkt $Q(1, 0, 1)$;
5. g geht durch die Punkte $P_1(1, -2, 2)$ und $P_2(3, -2, 1)$;
6. g geht durch die Punkte $A(1, 2, 3)$ und $B(4, 5, 6)$;
7. g geht durch den Schnittpunkt S der Geraden

   $r = (5, -2, 1)^\mathsf{T} + t(-1, 7, 4)^\mathsf{T}$, $-\infty < t < \infty$, mit der y, z-Ebene und verläuft parallel zur
   z-Achse.

4.1.3. Von der Geraden g (in der x, y-Ebene) mit der Gleichung $8x + 15y + 170 = 0$ bestimme man eine Hessesche Normalform.

4.1.4. Gegeben seien die Gerade g (in der x, y-Ebene) mit der Gleichung $4x - 3y + 15 = 0$ sowie die Punkte $P_1(2, 1)$, $P_2(-3, 6)$ und $P_3(-6, -3)$. Man überprüfe, welche Lage die Punkte $P_i (i = 1, 2, 3)$ und $0(0, 0)$ gegenüber g einnehmen und bestimme den Abstand e_i des Punktes P_i von der Geraden g.

4.1.5. Man bestimme die Gleichung einer Geraden g, die durch den Punkt $P(-1, 3)$ geht und vom Punkt $Q(2, -1)$ den Abstand $e = 4$ hat.

4.1.6. Man überprüfe, ob die Punkte P_1 und P_2 auf der angegebenen Geraden liegen. (Für t gilt jeweils $-\infty < t < \infty$.)

1. $P_1(5, 2, 11)$, $P_2(3, 4, 1,)$, $r = (1, 0, 3)^{\mathsf{T}} + t(2, 1, 4)^{\mathsf{T}}$.
2. $P_1(2, 3, 0)$, $P_2(2, 3, 6)$, $r = (1, 2, 3)^{\mathsf{T}} + t(1, 1, 3)^{\mathsf{T}}$.
3. $P_1(6, 2, 0)$, $P_2(9, 4, 0)$, $r = (6, 2, 0)^{\mathsf{T}} + t(3, 2, 0)^{\mathsf{T}}$.

4.1.7. Man bestimme die Zahlen a und b so, daß der Punkt $P(5, 3, 1)$ auf der Geraden $r = (6, a, 4)^{\mathsf{T}} + t(1, 2, b)^{\mathsf{T}}$, $-\infty < t < \infty$, liegt.

4.1.8. Gegeben sind eine Gerade g mit der Gleichung $r = (1 + 3t)e_1 + (1 + t)e_2$, $-\infty < t < \infty$, und der Punkt $P(3, -4)$. Man bestimme den Schnittpunkt S von g mit der y-Achse sowie den Abstand von P zu g.

4.1.9. Die Gerade g gehe durch die Punkte P_1 und P_2. (g ist die durch P_1 und P_2 „aufgespannte" Gerade.) Man ermittle eine parameterfreie Darstellung von g:

α) „Fortlaufende" Gleichung (g als Schnitt zweier Ebenen),
β) „Plückersche Darstellung" (siehe Anhang A 2).

1. $P_1(1, -2, 3)$, $P_2(4, 2, 8)$.
2. $P_1(1, 2, 3)$, $P_2(4, 5, 6)$.
3. $P_1(-1, 4, 5)$, $P_2(1, 4, 6)$.

4.1.10. Man bestimme eine parameterfreie Gleichung der durch die nachfolgenden Angaben jeweils festgelegten Ebene E:

1. In E liegen die Punkte $P_1(0, 0, 1)$, $P_2(1, -1, 0)$ und $P_3(-2, 1, 1)$.
2. In E liegen die Punkte $A(1, 0, -1)$, $B(2, -1, 1)$ und $C(-1, 1, 2)$.
3. In E liegt der Punkt $P_0(1, -2, 1)$, der Ortsvektor $\overrightarrow{OP_0}$ ist senkrecht zu E gerichtet.
4. In E liegen die Punkte $P_1(1, 2, 3)$ und $P_2(3, 2, 1)$, E steht senkrecht auf der Ebene $4x - y + 2z = 7$.
5. In E liegt der Punkt $P_0(2, 1, -1)$, die Schnittgerade g der Ebenen $2x + y - z = 3$ und $x + 2y + z = 2$ steht senkrecht auf E.
6. In E liegt der Punkt $A(1, 1, -3)$, E verläuft parallel zu den Vektoren $a = (-3, -2, 2)^{\mathsf{T}}$ und $b = (1, -3, -8)^{\mathsf{T}}$.
7. In E liegt der Punkt $P_0(2, 4, 3)$, der Vektor a steht auf E senkrecht. $a = 3e_1 + 2e_2 + e_3$.
8. In E liegt der Punkt $Q(1, -1, 3)$, E verläuft parallel zur Ebene $3x_1 + x_2 + x_3 = 7$.
9. In E liegt der Punkt $P_0(0, 0, 4)$; der Einheitsvektor u, der mit der positiven x- bzw. y- bzw. z-Achse den Winkel $120°$ bzw. $45°$ bzw. $60°$ bildet, steht senkrecht auf E.
10. E enthält die Gerade g_1 und ist zur Geraden g_2 parallel.
    g_1: $r = e_y + 3e_z + t(2e_x + 5e_y + e_z)$, $-\infty < t < \infty$; g_2 wird bestimmt durch die Punkte $P_1(3, -1, 0)$ und $P_2(4, 0, 1)$.

4.1.11. Gesucht ist eine Gleichung der Ebene E in Parameterform, die durch die jeweils angegebenen Bestimmungen festgelegt ist.

1. E enthält den Punkt $P(1, -1, 2)$ und verläuft parallel zu den Vektoren $a = (1, 3, 1)^{\mathsf{T}}$ und $b = (1, 4, 2)^{\mathsf{T}}$.
2. E geht durch den Ursprung und ist parallel zu den Geraden $r_1 = (1, 2, 3)^{\mathsf{T}} + t(4, 5, 6)^{\mathsf{T}}$, $-\infty < t < \infty$, und $r_2 = (7, 8, 9)^{\mathsf{T}} + s(10, 11, 12)^{\mathsf{T}}$, $-\infty < s < \infty$.
3. In E liegen die Punkte $P_1(4, -2, -11)$, $P_2(2, 3, 4)$ und $P_3(6, 8, 10)$.
4. In E liegen die Punkte $A(1, -3, 0)$, $B(2, 1, -2)$, $C(-1, 3, 1)$.

5. E enthält die Punkte $P_1(1, -3, -8)$ und $P_2(4, -1, -6)$ und verläuft parallel zu dem Vektor $r = (0, 1, 3)^T$.

6. E geht durch den Schnittpunkt der drei Ebenen $2x + y - z = 2$, $x - 3y + z = -1$, $x + y + z = 3$ und verläuft parallel zur Ebene $x + 2y + z = 0$.

4.1.12. Von den vorgegebenen Ebenengleichungen bestimme man die Achsenabschnittsform und eine Hessesche Normalform.

1. $6x + 3y + 2z = 6;$ 2. $2x - 2y + z = -4$.

4.1.13. Man bestimme den Abstand des Punktes P von der Ebene E.

1. $P(4, -3, 1)$, $E: x - 8y + 32z + 6 = 0;$
2. $P(1, 1, 1)$, $E: 2x + 6y + 9z - 6 = 0;$
3. $P(-2, -6, 1)$, $E: -x + 12y + 72z = 2$.

4.1.14. Gegeben sind die beiden parallelen Ebenen $Ax + By + Cz + D_1 = 0$ und $Ax + By + Cz + D_2 = 0$. Man weise nach, daß der Abstand zwischen diesen Ebenen gegeben ist durch

$$e = \frac{|D_1 - D_2|}{\sqrt{A^2 + B^2 + C^2}}.$$

4.1.15. Die Gleichung $n \cdot \overrightarrow{P_1P} = 0$ (P variabel) stellt eine Ebene durch P_1 senkrecht zu n dar. Man mache eine Aussage über die Ungleichung $n \cdot \overrightarrow{P_1P} > 0$ und begründe diese!

4.1.16. Man bestimme die Gleichung einer Ebene, die den Schnittpunkt S der beiden Geraden

$$g_1: r_1 = -e_x + 3e_y + 3e_z + u(-e_x + 2e_z), \quad -\infty < u < \infty, \text{ und}$$
$$g_2: r_2 = -e_x + 3e_y - 2e_z + v(2e_x + e_z), \quad -\infty < v < \infty,$$

sowie die Schnittgerade der Ebenen $E_1: 3x - 5y - 4z = 11$ und $E_2: 3x - 3y + z = 5$ enthält.

4.1.17. Durch den Schnittpunkt S der Ebenen $E_1: 2x + y - z = 2$, $E_2: x - 3y + z = -1$ und $E_3: x + y + z = 3$ soll parallel zu der Ebene $E_4: x + y + 2z = 0$ eine Ebene E gelegt werden, deren Gleichung gesucht ist.

4.2.   Geometrische Grundaufgaben

Schnitt, Verbindung, Abstand, Winkel, Projektion, Lot, Spiegelung, Gemeinlot

4.2.1. Von den Geraden g_1 und g_2 der x,y-Ebene bestimme man den Schnittpunkt S und den Schnittwinkel $\varphi(0° \leqq \varphi \leqq 90°)$. Falls die Geraden zueinander parallel sind, bestimme man deren Abstand.

1. g_1 geht durch $P_1(0, 1)$ und $P_2(3, 2)$, g_2 geht durch $P_3(1, -1)$ und $P_4(3, -4)$.
2. g_1 geht durch $P_1(0, 2)$ und $P_2(1, 0)$, g_2 geht durch $P_3(-4, 2)$ und hat den Anstieg $m = 2$.
3. g_1 geht durch $P_1(0, -3)$ und $P_2(3, 0)$, g_2 hat die Gleichung $y = x + 7$.
4. g_1 bzw. g_2 haben die Gleichungen $5x + 3y = 6$ bzw. $3x + 5y = 10$.

4.2.2. Die zwei Geraden $g_1: r_1 = a + tb$, $-\infty < t < \infty$, und $g_2: r_2 = c + sd$, $-\infty < s < \infty$, des

x, y, z-Raumes haben genau dann einen Punkt gemein, wenn ein Wertepaar (t, s) alle drei Gleichungen

$$tb_1 - sd_1 = c_1 - a_1,$$
$$tb_2 - sd_2 = c_2 - a_2, \qquad (1)$$
$$tb_3 - sd_3 = c_3 - a_3$$

erfüllt. Man deute den Fall, daß ein Wertepaar (t, s) nur die zwei letzten, nicht aber die erste der Gleichungen (1) erfüllt.

4.2.3. Falls die unter a) bis k) vorgegebenen Geraden r_1 und r_2 des dreidimensionalen Raumes (x, y, z-Raum bzw. x_1, x_2, x_3-Raum) einander schneiden, so berechne man die Koordinaten des Schnittpunktes S und den Winkel φ zwischen diesen Geraden. Falls die Geraden windschief oder zueinander parallel sind, dann berechne man deren Abstand d und, für windschiefe Geraden, deren Winkel φ.

Für den Winkel soll jeweils gelten: $0° < \varphi \le 90°$.

Für jede der Geraden gilt: $-\infty < t < \infty$ bzw. $-\infty < s < \infty$.

a) $r_1 = \begin{bmatrix} 1 \\ 3 \\ 1 \end{bmatrix} + t \begin{bmatrix} 1 \\ 2 \\ -1 \end{bmatrix}, \quad r_2 = \begin{bmatrix} 2 \\ 0 \\ 1 \end{bmatrix} + s \begin{bmatrix} -1 \\ 1 \\ 0 \end{bmatrix},$

b) $r_1 = \begin{bmatrix} 1 \\ 2 \\ -1 \end{bmatrix} + t \begin{bmatrix} 1 \\ 0 \\ -3 \end{bmatrix}, \quad r_2 = \begin{bmatrix} 2 \\ -4 \\ -1 \end{bmatrix} + s \begin{bmatrix} -1 \\ 3 \\ 1,5 \end{bmatrix},$

c) $r_1 = \begin{bmatrix} 4 \\ 4 \\ 1 \end{bmatrix} + t \begin{bmatrix} 2 \\ 3 \\ 2 \end{bmatrix}, \quad r_2 = \begin{bmatrix} -4 \\ 3 \\ 2 \end{bmatrix} + s \begin{bmatrix} 2 \\ 3 \\ 2 \end{bmatrix},$

d) $r_1 = \begin{bmatrix} -1 \\ 2 \\ -1 \end{bmatrix} + t \begin{bmatrix} 2 \\ 0 \\ 1 \end{bmatrix}, \quad r_2 = \begin{bmatrix} 0 \\ 3 \\ 1 \end{bmatrix} + s \begin{bmatrix} -1 \\ 2 \\ 1 \end{bmatrix},$

e) $r_1 = \begin{bmatrix} 2 \\ 2 \\ 3 \end{bmatrix} + t \begin{bmatrix} 1 \\ 3 \\ 1 \end{bmatrix}, \quad r_2 = \begin{bmatrix} 2 \\ 3 \\ 4 \end{bmatrix} + s \begin{bmatrix} 1 \\ 4 \\ 2 \end{bmatrix},$

f) $r_1 = \begin{bmatrix} 1 \\ 2 \\ -2 \end{bmatrix} + t \begin{bmatrix} -1 \\ 0 \\ 2 \end{bmatrix}, \quad r_2 = \begin{bmatrix} 0 \\ -2 \\ 0 \end{bmatrix} + s \begin{bmatrix} 3 \\ 0 \\ 6 \end{bmatrix},$

g) $r_1 = 2(2 + t)e_x + 6e_y + (1 - t)e_z,$
$\quad r_2 = (5 - 2s)e_x + (5 + 4s)e_y + se_z,$

h) $r_1 = 7e_x - 12e_y + 4e_z + t(-e_x + 4e_y - e_z),$
$\quad r_2 = -8e_x + 6e_y + e_z + s(-3e_x + 4e_y + e_z),$

i) $r_1 = -e_x + e_y - e_z + t(2e_x + e_z),$
$\quad r_2 = 3e_y + e_z + s(-e_x + 2e_y + e_z),$

j) $r_1 = (-5 + 2t)e_x + (2 + t)e_y + (5 + t)e_z,$
$\quad r_2 = 3(1 - s)e_x + (1 + s)e_y + (-4 + 5s)e_z,$

k) $r_1 = (6 + 4t)e_x + (1 - 4t)e_y + 2(2 + t)e_z$,

  $r_2 = (10 + 6s)e_x - 3(1 + 2s)e_y + 3(2 + s)e_z$.

4.2.4. Falls die unter a) bis k) vorgegebenen Ebenen E_1 und E_2 des dreidimensionalen Raumes (x, y, z-Raum bzw. x_1, x_2, x_3-Raum) einander schneiden, so bestimme man eine Parameterdarstellung der Schnittgeraden g sowie den Winkel φ zwischen E_1 und E_2, wobei $0° \leqq \varphi \leqq 90°$ gelten soll.

Falls die Ebenen zueinander parallel sind, dann berechne man deren Abstand d.

a) E_1: $4x + 11y - 9z = 6$, E_2: $x + 14y - 6z = 9$,

b) E_1: $2x_1 - 5x_2 + 3x_3 = 5$, E_2: $-4x_1 + 10x_2 - 6x_3 = 8$,

c) E_1: $x_1 - 3x_2 + 3x_3 = -2$, E_2: $3x_1 + 2x_2 + x_3 = 5$,

d) E_1 wird aufgespannt durch die Punkte $P_1(-1, -3, -1)$, $P_2(1, 1, -4)$, $P_3(2, 4, -6)$; E_2: $4x - 3y - z = 4$,

e) E_1: $x + y + 3z = 1$, E_2: $3x - z + 3 = 0$,

f) E_1: $x + y = 3$, E_2: $2x + 3y - z = 3$,

g) E_1: $x_1 + 2x_2 - x_3 = 1$, E_2: $2x_1 - x_2 + x_3 = 0$,

h) E_1: $3x_1 + 7x_2 + x_3 = 1$, E_2: $2x_1 + x_2 - 4x_3 = 2$,

i) E_1: $r_1 = \begin{bmatrix} 3 \\ 4 \\ 1 \end{bmatrix} + t\begin{bmatrix} 1 \\ -1 \\ 2 \end{bmatrix} + u\begin{bmatrix} 0 \\ 2 \\ 1 \end{bmatrix}$, $\quad -\infty < t, u < \infty$,

E_2: $r_2 = \begin{bmatrix} 1 \\ -1 \\ 1 \end{bmatrix} + v\begin{bmatrix} 3 \\ 2 \\ 1 \end{bmatrix} + w\begin{bmatrix} 1 \\ 1 \\ -2 \end{bmatrix}$, $\quad -\infty < v, w < \infty$,

j) E_1: $r_1 = \begin{bmatrix} 0 \\ 0 \\ 0 \end{bmatrix} + t\begin{bmatrix} 0 \\ 4 \\ 1 \end{bmatrix} + u\begin{bmatrix} 1 \\ 3 \\ 0 \end{bmatrix}$, $\quad -\infty < t, u < \infty$,

E_2: $r_2 = \begin{bmatrix} 1 \\ 2 \\ 1 \end{bmatrix} + v\begin{bmatrix} -1 \\ 1 \\ 1 \end{bmatrix} + w\begin{bmatrix} 3 \\ 5 \\ -1 \end{bmatrix}$, $-\infty < v, w < \infty$,

k) E_1: $r_1 = \begin{bmatrix} 2 \\ 0 \\ 7 \end{bmatrix} + t\begin{bmatrix} 5 \\ -2 \\ 6 \end{bmatrix} + u\begin{bmatrix} 3 \\ 1 \\ 8 \end{bmatrix}$, $-\infty < t, u < \infty$,

E_2: $r_2 = \begin{bmatrix} 2 \\ -1 \\ 5 \end{bmatrix} + v\begin{bmatrix} 2 \\ -3 \\ -2 \end{bmatrix} + w\begin{bmatrix} 1 \\ 0 \\ 2 \end{bmatrix}$, $-\infty < v, w < \infty$.

4.2.5. Mit den Mitteln der Vektorrechnung weise man nach, daß für den Abstand d eines Punktes P_0 von einer Geraden durch die Punkte P_1 und P_2 gilt:

$$d = \left| \overrightarrow{P_1P_0} - \frac{\overrightarrow{P_1P_0} \cdot \overrightarrow{P_1P_2}}{|\overrightarrow{P_1P_2}|^2} \cdot \overrightarrow{P_1P_2} \right| = \frac{|\overrightarrow{P_1Q} \times \overrightarrow{P_1P_0}|}{|\overrightarrow{P_1Q}|}$$

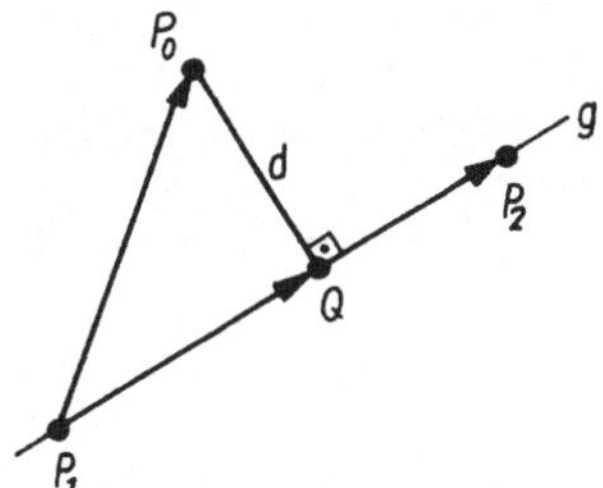

Bild 4.1

Q ist der Fußpunkt des Lotes von P_0 auf die durch P_1 und P_2 aufgespannte Gerade (vgl. Bild 4.1).

4.2.6. Welchen Winkel φ bildet die Schnittgerade g der Ebenen $E_1\colon 2x + y = z$ und $E_2\colon x + y + 2z = 0$ mit der x-Achse?

4.2.7. Von der durch die Punkte $P_1(2, 1, 1)$ und $P_2(5, 2, 3)$ aufgespannten Geraden g bestimme man:

a) eine Parameterdarstellung,
b) die Koordinaten des Schnittpunktes S mit der y,z-Ebene,
c) die Koordinaten des Fußpunktes Q des Lotes von $P_0(-1, 3, -1)$ auf g,
d) den Abstand d des Punktes $P_0(-1, 3, -1)$ von der Geraden g.

4.2.8. g_1 sei die Schnittgerade der Ebenen $x + y - z = 1$ und $2x + y - z = 2$, g_2 sei die Schnittgerade der Ebenen $x + 2y - z = 2$ und $x + 2y + 2z + 4 = 0$. Man ermittle:

a) eine Parameterdarstellung des Gemeinlotes l von g_1 und g_2,
b) den Schnittpunkt F_1 bzw. F_2 von l mit g_1 bzw. g_2,
c) den (kürzesten) Abstand d von g_1 und g_2.

Hinweis: Das Gemeinlot von zwei Geraden g_1 und g_2 des Raumes ist eine Gerade l, die beide Geraden g_1 und g_2 schneidet und auf beiden Geraden g_1 und g_2 senkrecht steht. Das Gemeinlot ist für je zwei nichtparallel verlaufende Geraden erklärt.

4.2.9. Gegeben sind die durch $r_1 = (1 + \lambda)e_x - (1 + 2\lambda)e_y + (2 + \lambda)e_z$, $-\infty < \lambda < \infty$, und $r_2 = \mu e_y$, $-\infty < \mu < \infty$, dargestellten Geraden. Man bestimme diejenigen zwei Punkte auf den Geraden, die den kleinsten Abstand haben, und berechne diesen Abstand.

4.2.10. Auf der Schnittgeraden der Ebenen $E_1\colon x + y + z = 2$ und $E_2\colon x + 2y - z = 1$ suche man denjenigen Punkt P, der von den Ebenen $E_3\colon x + 2y + z = 3$ und $E_4\colon x + 2y + z = -1$ den gleichen Abstand hat, für den also $\overline{PD_3} = \overline{PD_4}$ gilt (vgl. Bild 4.2).

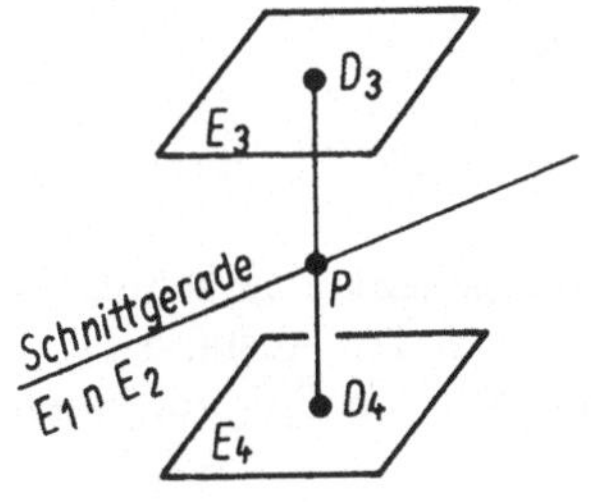

Bild 4.2

3*

4.2.11. Man berechne eine Hessesche Normalform derjenigen Ebene, die zu den Vektoren $a = -3e_1 - 2e_2 + 2e_3$ und $b = e_1 - 3e_2 - 8e_3$ parallel ist und den Punkt $P(1, 1, -3)$ enthält. Weiterhin bestimme man den Abstand e dieser Ebene vom Nullpunkt.

4.2.12. Gegeben seien die Punkte $A(1, 0, 0)$, $B(0, 2, 0)$ und $C(0, 0, 3)$, die eine Ebene E aufspannen. Man bestimme
a) eine Parameterdarstellung von E,
b) eine parameterfreie Darstellung von E,
c) eine Hessesche Normalform von E,
d) den Abstand des Punktes $P(4, 4, 2)$ von E,
e) eine Parameterdarstellung der Schnittgeraden von E mit der x, y-Ebene.

4.2.13. Gegeben sind die Ebenen E_1: $x - y + z = 0$, E_2: $3x - y - z + 2 = 0$ und E_3: $4x - y - 2z + \lambda = 0$.

a) Man bestimme, falls das möglich ist, die Zahl λ so, daß sich diese drei Ebenen in einer gemeinsamen Geraden schneiden.
b) Man gebe eine Parameterdarstellung dieser Geraden an.

4.2.14. Gegeben sind eine Gerade g und eine Ebene E. Man bestimme die Koordinaten des Durchstoßpunktes (des Schnittpunktes) S und den Schnittwinkel φ.

1. g: $r = (1 + \lambda)e_x + \lambda e_y + \lambda e_z$, $-\infty < \lambda < \infty$, E: $2x + y - z = 2$.
2. g: Die durch die Punkte $P(-2, 0, 3)$ und $Q(0, 4, -1)$ aufgespannte Gerade. E: $x = z$.
3. g: $r = -(2, 3, 4)^\mathsf{T} + t(1, -2, 5)^\mathsf{T}$, $-\infty < t < \infty$,
   E: $r = (3, -2, 5)^\mathsf{T} + u(2, 3, -12)^\mathsf{T} + v(-9, 1, 6)^\mathsf{T}$, $-\infty < u, v < \infty$.
4. g: $r = (1, -1, 0)^\mathsf{T} + t(2, -1, 3)^\mathsf{T}$, $-\infty < t < \infty$, E: $3x + 2y - z = 5$.
5. g: $r = e_x + e_y + e_z + t\left(3e_x - \dfrac{1}{2}e_y\right)$, $-\infty < t < \infty$,

   E: die durch die Punkte $P_1(6, -2, -3)$, $P_2(3, 0, 3)$ und $P_3(4, 2, 1)$ aufgespannte Ebene.

4.2.15. In welchem Punkt durchstößt eine Gerade g, die auf der Ebene E: $x - 2y + 2z = 3$ senkrecht steht und den Punkt $P(6, -8, 13)$ enthält, die Ebene E?

4.2.16. Man bestimme die Fußpunkte der Lote, die von den Punkten P und Q auf die Gerade g zu fällen sind!

1. g: $r = e_x + e_y + e_z + t(3e_x + 4e_y + 5e_z)$, $-\infty < t < \infty$; $P(4, 0, 0)$, $Q(8, 2, 6)$.
2. g: Die durch die Punkte $A(-1, 2, -1)$ und $B(-1, 3, -2)$ aufgespannte Gerade; $P(1, 0, 6)$, $Q(0, 0, 0)$.
3. g: $r = (0, 0, 1)^\mathsf{T} + t(-1, 1, 1)^\mathsf{T}$, $-\infty < t < \infty$; $P(-2, 1, 1)$, $Q(4, -4, -3)$.

4.2.17. Vom Punkt P ist das Lot auf die Ebene E zu fällen. Man bestimme die Koordinaten des Lotfußpunktes F.

1. E: $2x - y + 4z = -16$, $P(1, 0, 6)$;   2. E: $x + z = 1$, $P(2, 5, 3)$.

4.2.18. Gegeben seien die Ebene E: $x - 2y + 2z = -1$ und die durch die Punkte $P_1(1, 0, 0)$ und $P_2(0, -1, -1)$ aufgespannte Gerade g_1.
a) Man bestimme diejenige Gerade g_2, die in E liegt und g_1 senkrecht schneidet.
b) Welche Punkte P_3 und P_4 auf der Geraden g_1 haben von E den Abstand 1?
c) Man bestimme die Länge d der (orthogonalen) Projektion von $\overrightarrow{P_1P_2}$ auf einen Normalenvektor von E (vgl. Bild 4.3).

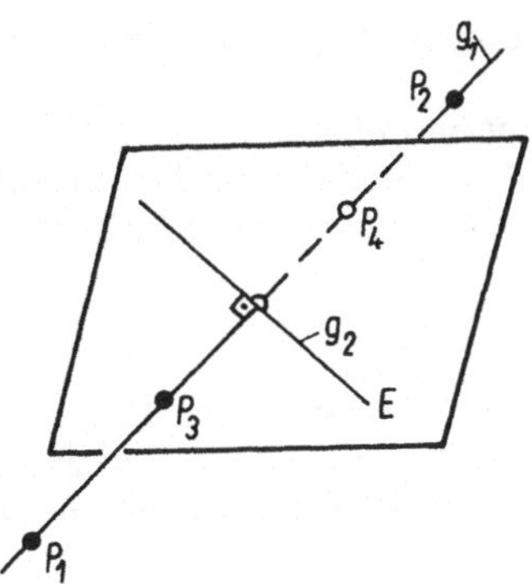

Bild 4.3

4.2.19. Man bestimme die Koordinaten des Spiegelpunktes P_0' vom Punkt $P_0(x_0, y_0, z_0)$ bezüglich einer Ebene E: $ax + by + cz = d$.

1. $P_0(x_0, y_0, z_0)$, E: $\mathbf{r} \cdot \mathbf{n} = q$ (Hessesche Normalform).
2. $P_0(2, 3, 1)$, E: $x + 2y - z = 1$.
3. $P_0(-7, 9, 1)$, E: $5x_1 - 4x_2 - x_3 = 12$.
4. $P_0(3, 6, -6)$, E: $2x_1 + x_2 - 2x_3 = 6$.

4.2.20. $P_1(0, -1, -1)$ und $P_1'(-2, 3, 3)$ seien Spiegelpunkte bezüglich einer Ebene E. Man bestimme deren Gleichung.

4.2.21. Die Punkte $P_1(2, -1, 1)$ und $P_2(-1, 3, 1)$ bestimmen eine Strecke $\overline{P_1 P_2}$. Im Punkt $Q(1, 0, 2)$ befindet sich eine punktförmige Lichtquelle, die einen Schatten auf die Ebene E: $ax + 3y - z = 6$ wirft.

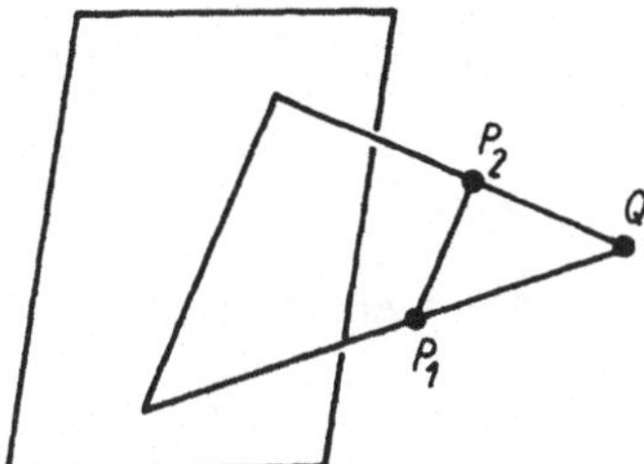

Bild 4.4

Man bestimme die Länge des Schattens der Strecke $\overline{P_1 P_2}$ auf E für a) $a = 4$, b) $a = 2$ (vgl. Bild 4.4).

4.2.22. Im Punkt $Q(5, 7, 10)$ befindet sich eine punktförmige Lichtquelle. Man bestimme den Flächeninhalt A des Schattens, der von dem Dreieck mit den Eckpunkten $P_1(7, 8, 13)$, $P_2(6, 10, 14)$ und $P_3(4, 10, 13)$ auf der Ebene E: $2x + 3y - 2z = 14$ erzeugt wird.

4.2.23. Ein in Richtung $\mathbf{a} = -\mathbf{e}_z$ durch den Punkt $P_1(1, 2, 4)$ im Medium M_1 verlaufender Lichtstrahl wird an der Ebene E: $x + y - z = 2$ gebrochen und verläuft im Medium M_2 durch den Punkt $P_2(2, 3, -3)$.

a) Man bestimme die Koordinaten desjenigen Punktes A, in dem der Lichtstrahl die Ebene E trifft.

b) Man gebe eine Gleichung des Lichtstrahls im Medium M_2 an.

c) Man bestimme das Brechungsverhältnis $\sin \alpha_1 : \sin \alpha_2$, wobei α_1 und α_2 diejenigen Winkel sein sollen, die der Lichtstrahl in den Medien M_1 und M_2 mit der Ebenennormalen bildet $\left(0 \leqq \alpha_1, \alpha_2 \leqq \dfrac{\pi}{2} \right)$.

4.2.24. Die Punkte $P(-1, 0, 1)$, $Q(0, 1, 0)$, $R(0, 1, 1)$ seien die Eckpunkte eines Dreiecks. Bei einer Parallelprojektion auf die Ebene E: $x - y + 2z = 2$ sei $P'(0, 0, 1)$ die Projektion von P auf E und D' die Projektion des Dreiecks D auf E. Man bestimme die Flächeninhalte von D und D'.

4.2.25. Aus der durch $a = 2e_x - 3e_y - 8e_z$ gegebenen Richtung falle paralleles Licht auf die x, y-Ebene. Das Dreieck mit den Ecken P_1, P_2 und P_3 wirft dann einen Schatten auf die x, y-Ebene. Man bestimme den Flächeninhalt dieses Schattens für $P_1(3, 2, 5)$, $P_2(-1, 2, 3)$, $P_3(4, -2, 2)$.

4.3.   Anwendungen

Seitenhalbierende, Winkelhalbierende, Höhen, Flächeninhalt, Rauminhalt, geometrischer Schwerpunkt, Umkreis, Inkreis

4.3.1. Man berechne den Flächeninhalt der folgenden, durch ihre Ecken A, B, C bzw. durch ihre paarweise einander schneidenden Begrenzungsgeraden g_1, g_2, g_3 bestimmten Dreiecke.

a) $A(3, -3, 0)$, $B(-1, 1, 0)$, $C(2, 0, 0)$,

b) $A(1, -1, 0)$, $B(2, 1, -1)$, $C(-1, 1, 2)$,

c) $A(1, 0, 1)$, $B(2, 2, 0)$, $C(0, 0, 3)$,

d) $A(0, 0, 3)$, $B(-1, 0, 6)$, $C(5, 0, 1)$,

e) $A(1, -1, 2)$, $B(2, 0, -1)$, $C(0, 2, 1)$,

f) $A(0, 1, 1)$, $B(0, 2, 3)$, $C(0, -4, 6)$,

g) g_1: $x + y = 6$, g_2: $7x + 13 = 4y$, g_3: $3x - 8y = 7$ (drei Geraden der x, y-Ebene),

h) g_1: $r_1 = (-1, 1, 0)^T + t(-2, 1, 2)^T$, g_2: $r_2 = (2, 3, -3)^T + u(1, 3, -1)^T$,

g_3: $r_3 = (0, 4, -1)^T + v(2, 3, -2)^T$, $-\infty < t, u, v < \infty$,

i) g_1: $r_1 = (1, 0, 0)^T + t(-1, 2, 0)^T$, g_2: $r_2 = (0, 2, 0)^T + u(0, -2, 3)^T$,

g_3: $r_3 = (0, 0, 3)^T + v(1, 0, -3)^T$, $-\infty < t, u, v < \infty$.

4.3.2. Man berechne alle reellen Werte von a, für die ein Dreieck mit den Eckpunkten P_1, P_2 und P_3 den Flächeninhalt A hat.

a) $P_1(a, 0, 1)$, $P_2(0, -1, 2)$, $P_3(1, -1, 0)$, $A = \dfrac{1}{2}\sqrt{6}$,

b) $P_1(1, a, 5)$, $P_2(2, 1, 0)$, $P_3(3, 2, 1)$, $A = \sqrt{26}$.

4.3.3. Man berechne das Volumen eines Parallelepipeds (eines Spats), das durch die Vektoren a, b c aufgespannt wird.

a) $a = -2e_1 + 3e_2 - 2e_3,\ b = e_1 + e_2 + e_3,\ c = 3e_1 - 5e_2 + 6e_3,$

b) $a = 4e_1 - 8e_2 + e_3,\ b = 2e_1 + e_2 - 2e_3,\ c = 3e_1 - 4e_2 + 12e_3.$

4.3.4. Für welche reellen Werte von q hat das durch die Vektoren $a,\ b,\ c$ aufgespannte Parallelepiped (Spat) das Volumen V (vgl. Bild 4.5)?

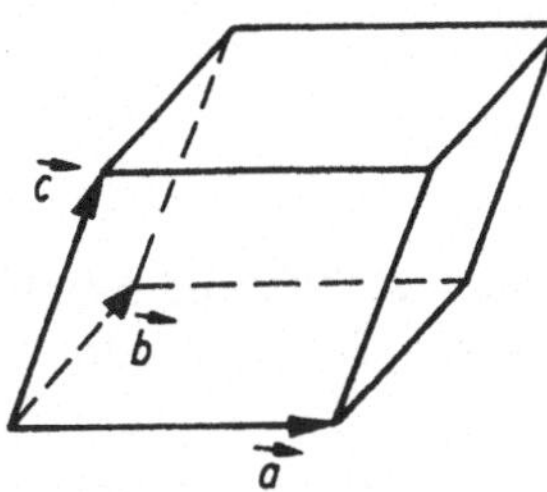

Bild 4.5

a) $a = e_1 + 2e_2 - e_3,\ b = 2e_1 + 3e_2 + qe_3,\ c = -3e_1 - e_2 + 3e_3,\ V = 40,$

b) $a = -3e_1 + 2e_2 + 7e_3,\ b = 5e_1 + e_2 - e_3,\ c = qe_1 + 4e_2 + 2e_3,\ V = 78.$

4.3.5. Gegeben sind die Vektoren $a = 3e_1 + qe_2 - 2e_3,\ b = -e_1 + 4e_2 + 2e_3$ und $c = 2e_1 + 5e_2 + 6e_3$. Man bestimme alle reellen Werte von q so, daß

a) die Vektoren $a,\ b$ und c in einer Ebene liegen,

b) das Volumen des von den Vektoren $a,\ b$ und c aufgespannten Parallelepipeds (Spats) gleich 98 ist,

c) Vektor a auf Vektor b senkrecht steht.

4.3.6. Für die folgenden Dreiecke mit den Ecken $P_1,\ P_2,\ P_3$ bestimme man die Seitenvektoren, die Seitenlängen, die Koordinaten der Seitenmitten und, nur für c) bis f), die Gleichung der durch $P_1,\ P_2$ und P_3 aufgespannten Ebene.

a) $P_1(1, 0),\ P_2(5, 1),\ P_3(4, 4),$

b) $P_1(2, 3),\ P_2(7, 4),\ P_3(5, 8),$

c) $P_1(2, -1, 3),\ P_2(1, 1, 1),\ P_3(0, 0, 5),$

d) $P_1(6, -2, -3),\ P_2(3, 0, 3),\ P_3(4, 2, 1),$

e) $P_1(1, 0, 1),\ P_2(0, -1, 2),\ P_3(1, -1, 0),$

f) $P_1(3, 1, 0),\ P_2(0, 5, 2),\ P_3(0, 0, 7).$

4.3.7. Für die in Aufgabe 4.3.6.a) bis f) vorgegebenen Dreiecke bestimme man die Gleichungen der Seitenhalbierenden, der Mittelsenkrechten, der Winkelhalbierenden und der Höhen.

4.3.8. Für die Aufgabe 4.3.6.a) bis f) vorgegebenen Dreiecke bestimme man die Koordinaten des (geometrischen) Schwerpunktes, des Umkreismittelpunktes, des Inkreismittelpunktes und des Höhenschnittpunktes.

4.3.9. Gegeben seien eine Ebene E und zwei Diagonalpunkte P_1 und P_3 eines ganz in E liegenden Quadrats. Man bestimme die beiden anderen Eckpunkte P_2 und P_4 dieses Quadrats.

a) $E: 2x + 2y - z = 1,\ P_1(1, 0, 1),\ P_3(5, -3, 3),$

b) $E: x + 2y + 2z = 9,\ P_1(3, -2, 5),\ P_3(-1, 2, 3).$

Zusatzaufgabe zu b): Man bestimme zwei weitere, nicht in E liegende Punkte, die mit den Eckpunkten des Quadrats ein regelmäßiges Oktaeder bilden.

4.3.10. Von einem Parallelogramm sind die einander gegenüberliegenden Eckpunkte $P_1(-3, 1)$ und $P_3(5, 1)$ sowie ein weiterer Eckpunkt $P_2(2, -2)$ bekannt.
Man bestimme

a) die Koordinaten des vierten Eckpunktes,
b) die Geradengleichungen der Diagonalen,
c) die Geradengleichungen durch P_1P_4 und P_4P_3.

4.3.11. In einem x, y, z-Raum bestimmen die Ortsvektoren $a = \overrightarrow{OP}_1$ und $b = \overrightarrow{OP}_3$ eindeutig ein Parallelogramm mit den (im mathematisch positiven Sinne zu durchlaufenden) Eckpunkten O, P_1, P_2, P_3.

a) Man bestimme die Ortsvektoren des Punktes P_2 und des Halbierungspunktes P_4 derjenigen Parallelogrammseite, die dem Vektor b gegenüberliegt.
b) Man gebe eine Parameterdarstellung derjenigen Geraden an, auf der die Punkte O und P_4 liegen.
c) Man löse a) und b) für $P_1(3, 1, 1)$ und $P_3(-1, 2, 4)$.

4.3.12. Von einem Viereck sind die Eckpunkte $P_1(0, 0)$, $P_2(1, 2)$, $P_3(-2, 1)$ und $P_4(-3, -a)$ bekannt. Man bestimme die Konstante a so, daß der Flächeninhalt des Vierecks $A = 7$ wird $(a > 0)$.

4.3.13. Die Punkte $P_1, \ldots, P_4$ seien die Ecken eines Tetraeders. Man berechne den Rauminhalt und die Oberfläche des Tetraeders.

a) $P_1(0, 0, 0)$, $P_2(3, 1, -2)$, $P_3(2, 2, 0)$, $P_4(1, 0, 2)$,
b) $P_1(-1, 2, 3)$, $P_2(1, 3, 2)$, $P_3(-5, 1, 6)$, $P_4(-1, 0, 5)$.

4.4. Kurven und Flächen 2. Ordnung

4.4.1. In der Form $F(x, y) = 1$ sind die Gleichungen a) eines Kreises, b) einer Ellipse und c) einer Hyperbel (Achsen parallel zu denen des kartesischen Koordinatensystems) mit dem Mittelpunkt $M(x_0, y_0)$ und dem Radius r bzw. den Halbachsen a und b anzugeben.

4.4.2. Verbal ist zu formulieren, wann eine Gleichung der Form $ax^2 + by^2 + cx + dy + e = 0$ einen Kreis, wann eine Ellipse und wann eine Hyperbel repräsentiert. Von Entartungsfällen ist abzusehen.

4.4.3. Unter Verwendung der Ergebnisse von Aufgabe 4.4.2. sage man aus, welche Kurve die nachfolgend vorgegebenen Gleichungen repräsentieren. Weiterhin forme man diese Gleichungen in die allgemeine Form um, bestimme Mittelpunkte und Radien bzw. Halbachsen und skizziere die Kurven:

a) $x^2 + y^2 - 10x + 4y + 13 = 0$,
b) $25x^2 + 150x + 49y^2 - 196y - 804 = 0$,
c) $100x^2 - 49y^2 - 1\,000x - 392y = 3\,184$,
d) $4x^2 - y^2 - 16x - 2y + 19 = 0$,
e) $-4x^2 - 4y^2 = 28y - 51$,

f) $x^2 + 2y^2 = 1,$

g) $y^2 - x^2 - 8x = 12.$

4.4.4. Die in Bild 4.6 skizzierten Parabeln sollen die Scheitelkoordinaten $S(x_0, y_0)$ und Halbparameter p haben. Man gebe die zugehörigen Normalgleichungen an!

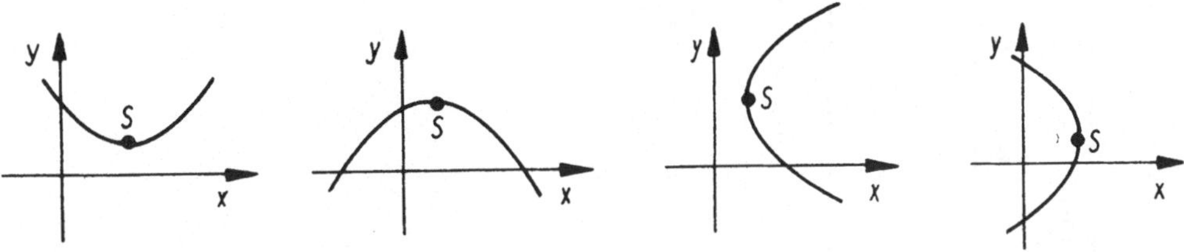

Bild 4.6

4.4.5. Die nachfolgend vorgegebenen Parabelgleichungen sind in die Normalform zu überführen (vgl. Aufgabe 4.4.4.). Weiterhin sind die Scheitelkoordinaten zu bestimmen und die Kurven zu skizzieren.

a) $y^2 - 8x - 4y + 100 = 0,$ b) $x^2 + 2x + 3y + 10 = 0,$

c) $2y^2 - 8y + 3x + 17 = 0,$ d) $x^2 - 4y + 1 = 0.$

4.4.6. Gesucht ist die Gleichung desjenigen Kreises, der durch die drei Punkte geht, die die Kurven mit den Gleichungen $x^2 - 6x - 12y + 9 = 0$ und $x^2 + 12y^2 - 6x - 48y + 9 = 0$ gemein haben.

4.4.7. Man bestimme die Schnitte der in a) bis g) vorgegebenen Flächen mit den Ebenen $x = x_0 = $ const, $y = y_0 = $ const, $z = z_0 = $ const und skizziere die Flächen mit Hilfe der Schnitte.

a) $z^2 + 9x^2 + 4y^2 = 1,$ b) $z^2 - 4x^2 + y^2 = 1,$

c) $z^2 = 1 + x^2 + y^2,$ d) $z = 1 + x^2 + y^2,$

e) $z = 1 + x^2 - y^2,$ f) $x^2 + z^2 = 9,$ g) $z^2 = x^2 + y^2.$

4.4.8. Die nachfolgend vorgegebenen Gleichungen stellen Kurven zweiter Ordnung dar. Man überprüfe, ob eine Ellipse, eine Hyperbel, eine Parabel oder ein Geradenpaar (zerfallende Kurve zweiter Ordnung) vorliegt (vgl. Anhang A 3).

a) $x_1^2 - 3x_1x_2 + x_2^2 = 5,$

b) $2x^2 - 2\sqrt{3}\,xy + 4y^2 = 1,$

c) $x_1^2 + 4x_1x_2 + 4x_2^2 + 6x_2 + 5 = 0,$

d) $2x^2 + 6xy + y^2 + 2x + 8y + 5 = 0,$

e) $2x_1^2 + 4x_1x_2 + x_2^2 + \sqrt{2}\,x_1 = 1,$

f) $\dfrac{1}{2}x^2 - 4xy + 9y^2 + 3x - 14y + \dfrac{1}{2} = 0,$

g) $-3x_1^2 + 2x_1x_2 - 2x_2^2 + 2x_1 + 4x_2 + 3 = 0,$

h) $2x^2 + 4y^2 = 6.$

4.4.9. Mit den im Anhang A3 verwendeten Bezeichnungen bestimme man die Art der in Matrizenschreibweise vorgegebenen Kurve und schreibe die Kurvengleichung in der Form

$$c_{11}x_1^2 + 2c_{12}x_1x_2 + c_{22}x_2^2 + 2c_{10}x_1 + 2c_{20}x_2 + c_{00} = 0$$

nieder.

a) $C = \begin{bmatrix} 1 & \frac{1}{2} \\ \frac{1}{2} & 0 \end{bmatrix}$, $\quad c = \begin{bmatrix} \frac{3}{2} \\ 1 \end{bmatrix}$, $\quad c_{00} = 5$,

b) $C = \begin{bmatrix} 1 & \frac{1}{2} \\ \frac{1}{2} & 1 \end{bmatrix}$, $\quad c = \begin{bmatrix} \frac{3}{2} \\ -\frac{3}{2} \end{bmatrix}$, $\quad c_{00} = 4$,

c) $C = \begin{bmatrix} 1 & \frac{3}{2} \\ \frac{3}{2} & 3 \end{bmatrix}$, $\quad c = \begin{bmatrix} -3 \\ \frac{3}{2} \end{bmatrix}$, $\quad c_{00} = -6$,

d) $C = \begin{bmatrix} -7 & \frac{5}{2} \\ \frac{5}{2} & -1 \end{bmatrix}$, $\quad c = \begin{bmatrix} \frac{3}{2} \\ -3 \end{bmatrix}$, $\quad c_{00} = 2$,

e) $C = \begin{bmatrix} -5 & 1 \\ 1 & -2 \end{bmatrix}$, $\quad c = \begin{bmatrix} 2 \\ 2 \end{bmatrix}$, $\quad c_{00} = -4$,

f) $C = \begin{bmatrix} 0 & \frac{1}{2} \\ \frac{1}{2} & 1 \end{bmatrix}$, $\quad c = \begin{bmatrix} -1 \\ -1 \end{bmatrix}$, $\quad c_{00} = 2$.

4.4.10. Die Gleichungen

a) $x_3^2 - 4x_1^2 + x_2^2 = 1$ (vgl. Aufgabe 4.4.7. b)),

b) $x_3^2 = 1 + x_1^2 + x_2^2$ (vgl. Aufgabe 4.4.7. c)),

c) $z^2 = x^2 + y^2$ (vgl. Aufgabe 4.4.7. g)),

d) $x^2 + y^2 + 2z^2 - 2xz - 2yz - \frac{1}{2}x - \frac{1}{2}y - \frac{1}{2}z = 0$,

e) $x_1^2 + x_2^2 + 2x_3^2 + 2x_1x_3 + 2x_2x_3 + 12x_2 + 4 = 0$,

f) $2x_1^2 + x_2^2 + 2x_3^2 - 2x_1x_3 - 2x_2x_3 + 3x_2 + x_3 + 5 = 0$

stellen Flächen zweiter Ordnung dar. Anhand der in Anhang A 4 angegebenen Kriterien bestimme man deren Gestalt.

4.4.11. Eine Fläche zweiter Ordnung habe die Gleichung

$$x^{\mathsf{T}}Cx = 1 \text{ mit } C = \begin{bmatrix} 14 & 8 & 10 \\ 8 & 29 & 38 \\ 10 & 38 & 50 \end{bmatrix}.$$

a) Man bestimme, was für eine Fläche damit vorgegeben ist.
b) Wie lautet der Normalenvektor an diese Fläche im Punkt $P_0(x_0, y_0, z_0)$?

4.4.12. Man bestimme die Schnittpunkte der Kegelschnitte

$$\frac{x_1^2}{a^2} - \frac{x_2^2}{b^2} = 1, \qquad \frac{x_1^2}{a^2} + \frac{x_2^2}{b^2} = 1, \qquad x_2^2 = 2px_1$$

mit der Ferngeraden.

4.5. Geometrie im R^n

4.5.1.
$$\begin{aligned}
H_1: \quad & x_1 - x_2 + x_3 - x_4 = 1, \\
H_2: \quad & 2x_1 \qquad - x_3 + x_4 = 0, \\
H_3: \quad & \qquad x_2 + 2x_3 \qquad = 2
\end{aligned}$$

sind drei Hyperebenen des R^4. Man ermittle eine Parameterdarstellung der Schnittmenge

a) $H_1 \cap H_2 \cap H_3$ und b) $H_1 \cap H_2$.

(Mit welchen geometrischen Gebilden könnte man diese Durchschnitte identifizieren? Siehe Anhang A 5.)

4.5.2.

$$a = \begin{bmatrix} 1 \\ -2 \\ 5 \\ 0 \\ 4 \end{bmatrix}, \qquad b = \begin{bmatrix} 2 \\ 1 \\ -4 \\ 2 \\ 5 \end{bmatrix}, \qquad c = \begin{bmatrix} -4 \\ -7 \\ 22 \\ -6 \\ -7 \end{bmatrix}, \qquad p = \begin{bmatrix} 3 \\ 0 \\ 1 \\ -2 \\ 0 \end{bmatrix}.$$

a) Man berechne: $a + b$, $a - b$, $2a + 3b - 2c$, $|a|$, $|b|$, $|c|$, $a^\mathsf{T}b$, $(a^\mathsf{T}b)c$, $a(b^\mathsf{T}c)$, $\dfrac{a}{|a|}$.

b) Gibt es eine Darstellung der Form $c = t_1 a + t_2 b$? (t_1, t_2 reelle Zahlen.)

c) Man bestimme den Schnittpunkt von $x = a + tc$ (Gerade im R^5) mit $a^\mathsf{T}x = 230$ (Hyperebene im R^5).

d) Man ermittle den kürzesten Abstand des Punktes $P(3, 0, 1, -2, 0)$ von der Hyperebene $H: a^\mathsf{T}x = 31$ auf zwei Arten:

α) man schneide H mit der durch P gehenden und auf H senkrecht stehenden Geraden g;

β) mit Hilfe einer „verallgemeinerten Hesseschen Normalform" im R^n.

e) Man löse die Aufgabe d) mit den Mitteln der Differentialrechnung für Funktionen mit mehreren Variablen.

4.5.3. v, w seien zwei n-dimensionale Spaltenvektoren (Elemente des R^n). Man zeige:

$$|v + w| = |v - w| \Leftrightarrow v^\mathsf{T}w = 0.$$

4.5.4.

$$x = [x_1, x_2, x_3, x_4]^\mathsf{T}, \quad a = [3, 1, 0, 2]^\mathsf{T}, \quad c = [1, -1, -1, 1]^\mathsf{T}.$$

Man bestimme die Schnittpunkte von $x = a + tc$ (Gerade im R^4) mit $x^2 = 14$ (Hyperkugelfläche im R^4) ($x^2 := x^\mathsf{T}x$).

4.5.5.

$$\sum_{i,\,k=1}^{n} c_{ik} x_i x_k + 2 \sum_{i=1}^{n} c_{i0} x_i + c_{00} = 0 \quad (\text{Vor.: } c_{ki} = c_{ik})$$

ist die Gleichung einer Hyperfläche 2. Ordnung des R^n. Wie lautet diese Gleichung in Matrizenschreibweise?

(Hinweis: Man orientiere sich an Aufgabe 1.1.7. Siehe auch Anhang A 4.)

4.5.6. Welche Gestalt nimmt die Gleichung einer Hyperfläche 2. Ordnung (siehe 4.5.5.) und die Gleichung einer Hyperebene $c_0 + c_1 x_1 + \dots + c_n x_n = 0$ in homogenen Koordinaten $\xi_0, \xi_1, \dots, \xi_n$ an? (Siehe Anhang A 6.)

Man weise nach, daß eine Hyperfläche 2. Ordnung durch $\boldsymbol{\xi}^{\mathsf{T}} \boldsymbol{D} \boldsymbol{\xi} = 0$ mit $\boldsymbol{D}^{\mathsf{T}} = \boldsymbol{D}$ beschrieben werden kann, wobei $\boldsymbol{\xi} = (\xi_0, \xi_1, \dots, \xi_n)^{\mathsf{T}}$ der „homogene Koordinatenvektor" ist.

4.5.7.

$$3x_1^2 - x_2^2 + 2x_3^2 - x_4^2 - 4x_1 x_3 + 2x_2 x_4 - 6x_3 + 5 = 0$$

definiert eine Hyperfläche 2. Ordnung des R^4. Wie lautet die Gleichung dieser Hyperfläche in Matrizenschreibweise

a) bei inhomogenen Koordinaten,
b) bei homogenen Koordinaten?

5. Weitere Bestandteile der linearen Algebra

5.1. Lineare Räume

(Bd. 13, 4.1.)

5.1.1. Man zeige, daß die Menge der reellen $(n, 1)$-Matrizen

$$a = \begin{bmatrix} a_1 \\ \vdots \\ a_n \end{bmatrix}, \qquad b = \begin{bmatrix} b_1 \\ \vdots \\ b_n \end{bmatrix}, \qquad c = \begin{bmatrix} c_1 \\ \vdots \\ c_n \end{bmatrix}, \ldots$$

bezüglich der Operationen $a + b := [a_1 + b_1, \ldots, a_n + b_n]^\mathsf{T}$ und $\alpha a := [\alpha a_1, \ldots, \alpha a_n]^\mathsf{T}$ (α: reelle Zahl) einen n-dimensionalen linearen Raum bildet.

5.1.2. Man zeige, daß die reellen (m, n)-Matrizen bezüglich der Operationen $A + B$ und αA einen $m \cdot n$-dimensionalen linearen Raum bilden.

5.1.3. R^3 sei der 3dimensionale lineare Raum der reellen $(3, 1)$-Matrizen (vgl. 5.1.1.). Für ein festes $u \in R^3$ ($u \neq o$) und ein festes $c \in R$ ist $E = \{x \mid u^\mathsf{T} x = c\}$ eine Teilmenge (eine Ebene) des R^3. Man beweise:

a) E ist im Falle $c = 0$ ein 2dimensionaler Unterraum von R^3. (Eine Teilmenge M eines linearen Raumes L heißt Unterraum von L, wenn mit $x, y \in M$ auch jede Linearkombination von x, y ein Element von M ist; vgl. Band 13, Abschnitt 4.1.)

b) E ist im Falle $c \neq 0$ eine lineare Mannigfaltigkeit von R^3. (Eine Teilmenge M eines linearen Raumes L heißt (q-dimensionale) lineare Mannigfaltigkeit von L, wenn ein $x_0 \in L$ und ein (q-dimensionaler) Unterraum L' von L existieren, so daß gilt:
$$M = x_0 + L' = \{x \mid x_0 + l,\ l \in L'\}.)$$

5.1.4. Man zeige, daß die Lösungsmenge I des folgenden linearen Gleichungssystems eine 2dimensionale lineare Mannigfaltigkeit des R^5 ist, und beschreibe dieselbe:

$$\begin{aligned}
x_1 + 3x_2 - x_3 + 2x_4 + x_5 &= 2, \\
2x_1 \qquad\quad + x_3 + 4x_4 \qquad\quad &= 1, \\
x_2 - 2x_3 - x_4 - 2x_5 &= 0.
\end{aligned}$$

Hinweis: Man beachte die Definitionen in 5.1.3.

5.2. Lineare Abbildungen

(Bd. 13, 4.2.)

5.2.1. Durch

$$\begin{aligned}
y_1 &= 3x_1 + x_2, \\
y_2 &= x_1 + 4x_2, \qquad (y = Ax) \\
y_3 &= x_1 + 5x_2
\end{aligned}$$

wird eine lineare Abbildung $\Phi: R^2 \to R^3$ beschrieben.

a) Man ermittle $\Phi(R^2)$ (Wertebereich von Φ) und $\Phi^{-1}(0)$ (Kern von Φ).
b) Man beweise, daß Φ regulär ist.
c) Von $g: x_1 + x_2 = 0 \, (g \subset R^2)$ bestimme man das Bild $\Phi(g)$.
d) Von $E: y_1 - y_2 + y_3 = 2 \, (E \subset R^3)$ bestimme man das Urbild $\Phi^{-1}(E)$.

5.2.2. Durch

$$
\begin{aligned}
x_1' &= -x_1 + 3x_2 + 2x_3, \\
x_2' &= 2x_1 + x_3, \qquad (x' = Ax) \\
x_3' &= 4x_1 - 2x_2
\end{aligned}
$$

wird eine lineare Abbildung $\Phi: R^3 \to R'^3$ beschrieben.

a) Ist Φ regulär?
b) Man bestimme den Wertebereich und den Kern von Φ.
c) Man bestimme das Bild $\Phi(E)$ von $E: x_1 + x_2 + x_3 = 1$.
d) Man bestimme das Urbild $\Phi^{-1}(E')$ von $E': x_1' - 2x_2' + x_3' = 0$.

5.2.3. Für ein festes $a \in R^3 (a \neq o)$ werden durch $f(x) = a + x$, $g(x) = a \times x$, $h(x) = \dfrac{x^{\mathsf{T}} a}{a^{\mathsf{T}} a} a$

drei Abbildungen $f, g, h: R^3 \to R^3$ definiert. Welche dieser Abbildungen ist linear?
(Hinweis: Bei der Abbildung g ist das Kreuzprodukt im Sinne der in Aufgabe 1.2.13. angegebenen Definitionen zu verstehen.)

5.2.4. Durch $y = Ax$ mit

$$
A = \begin{bmatrix} 4 & 1 & 0 \\ 0 & 3 & 1 \\ 3 & -3 & -1 \end{bmatrix}
$$

wird eine lineare Abbildung $f: R^3 \to R^3$ beschrieben.

a) Ist die Abbildung f regulär?
b) Man bestimme alle Fixpunkte der Abbildung f, d. h. alle Punkte x mit $f(x) = x$.

5.3. Quadratische Formen

(Bd. 13, 5.1.)

5.3.1. Vorgegeben seien die symmetrischen Matrizen

a) $\begin{bmatrix} 3 & -1 \\ -1 & 1 \end{bmatrix}$, b) $\begin{bmatrix} 2 & 2 \\ 2 & 1 \end{bmatrix}$, c) $\begin{bmatrix} 1 & 0 \\ 0 & 1 \end{bmatrix}$, d) $\begin{bmatrix} 1 & 0 \\ 0 & -1 \end{bmatrix}$,

e) $\begin{bmatrix} 1 & 2 & 0 \\ 2 & 5 & 1 \\ 0 & 1 & 4 \end{bmatrix}$, f) $\begin{bmatrix} 3 & 1 & 0 \\ 1 & 2 & 4 \\ 0 & 4 & 1 \end{bmatrix}$, g) $\begin{bmatrix} 1 & 0 & 0 \\ 0 & 1 & 0 \\ 0 & 0 & -1 \end{bmatrix}$, h) $\begin{bmatrix} 1 & 0 & 2 \\ 0 & 1 & 0 \\ 2 & 0 & 5 \end{bmatrix}$.

Mit Hilfe der sog. Hauptabschnittsdeterminanten

$$
\Delta_i = \begin{vmatrix} c_{11} & \cdots & c_{1i} \\ \vdots & & \vdots \\ c_{i1} & \cdots & c_{ii} \end{vmatrix} \qquad (i = 1, 2, \ldots)
$$

untersuche man, welche der zu den obigen Matrizen C gehörigen quadratischen Formen x^TCx positiv definit sind.

5.3.2. Ist x^TCx eine der in 5.3.1. gegebenen quadratischen Formen, so beschreibt die Gleichung $x^TCx = 1$ eine Kurve 2. Ordnung [a) bis d)] bzw. eine Fläche 2. Ordnung [e) bis h)]. (Siehe Anhang A 3, A 4.)
Um welche Typen handelt es sich?
Man vergleiche die Ergebnisse von 5.3.2. mit denen von 5.3.1.

5.3.3. Welche der folgenden quadratischen Formen $Q(x_1, x_2, x_3)$ sind positiv definit?

a) $x_1^2 + x_2^2 + x_3^2$,   b) $x_1^2 + x_2^2 - x_3^2$,   c) $x_1^2 - x_2^2 - x_3^2$,

d) $x_1^2 + 6x_2^2 + 4x_3^2 + 4x_1x_2 - 6x_1x_3$,   e) $3x_1^2 + x_2^2 + 5x_3^2 + 2x_1x_2$.

Welche Flächen werden durch $Q(x_1, x_2, x_3) = -1$ beschrieben?

5.4. Eigenwerte und Eigenvektoren; Hauptachsentransformation

(Bd. 13, 5.2.)

5.4.1. Von der symmetrischen Matrix

$$A = \frac{1}{2}\begin{bmatrix} 5 & 1 & 0 \\ 1 & 5 & 0 \\ 0 & 0 & -8 \end{bmatrix}$$

bestimme man die Eigenwerte und alle Eigenvektoren.

5.4.2. Man bestimme die Eigenwerte der in 5.3.1. angegebenen Matrizen und vergleiche die Ergebnisse von 5.3.1. mit den jetzt gefundenen Ergebnissen.

5.4.3. Von den folgenden Matrizen bestimme man die Eigenwerte und ein maximales System linear unabhängiger Eigenvektoren:

a) $\begin{bmatrix} 2 & 1 \\ 4 & -1 \end{bmatrix}$,   b) $\begin{bmatrix} 1 & 3 \\ 2 & 2 \end{bmatrix}$,   c) $\begin{bmatrix} 2 & 1 \\ -1 & 4 \end{bmatrix}$,   d) $\begin{bmatrix} 1 & 0 \\ 0 & 1 \end{bmatrix}$.

(Hinweis: Ein „maximales System" erhält man, wenn man zu jedem Eigenwert ein System von $d = n - r$ linear unabhängigen Eigenvektoren bestimmt. (Siehe Band 13, Satz 5.5))

5.4.4. Von den folgenden Matrizen bestimme man die Eigenwerte und ein maximales System linear unabhängiger Eigenvektoren:

a) $\begin{bmatrix} 1 & 0 & 0 \\ 3 & 3 & -4 \\ -2 & 1 & -2 \end{bmatrix}$,   b) $\begin{bmatrix} 3 & -10 & -10 \\ 0 & 3 & 0 \\ 0 & -5 & -2 \end{bmatrix}$,   c) $\begin{bmatrix} 2 & 2 & 1 \\ 0 & 2 & 1 \\ 0 & -1 & 0 \end{bmatrix}$.

5.4.5. Man ermittle die Eigenwerte und ein maximales System linear unabhängiger normierter Eigenvektoren von folgenden symmetrischen Matrizen:

a) $\begin{bmatrix} 1 & 2 & 3 \\ 2 & -4 & -2 \\ 3 & -2 & 1 \end{bmatrix}$,   b) $\begin{bmatrix} 1 & 1 & 3 \\ 1 & 5 & 1 \\ 3 & 1 & 1 \end{bmatrix}$,   c) $\begin{bmatrix} 2 & -1 & 2 \\ -1 & 2 & -2 \\ 2 & -2 & 5 \end{bmatrix}$.

5.4.6. Man bestimme alle (komplexen) Eigenwerte und ein maximales System linear unabhängiger (komplexer) Eigenvektoren der folgenden Matrizen:

$$\text{a) } \begin{bmatrix} 2 & 1 \\ -2 & 4 \end{bmatrix}, \quad \text{b) } \begin{bmatrix} 2+i & \sqrt{5}+2i \\ -\sqrt{5}+2i & 2+i \end{bmatrix}, \quad \text{c) } \begin{bmatrix} 1 & i & 0 \\ 1 & 0 & -i \\ -i & 1 & 0 \end{bmatrix}.$$

5.4.7. A sei eine der in 5.4.5. angegebenen Matrizen mit dem Orthonormalsystem x_1, x_2, x_3 von Eigenvektoren. Man entwickle einen beliebigen Vektor $y \in R^3$ nach diesen Eigenvektoren. Zahlenbeispiel: $y = [1, 0, -2]^T$.

5.4.8. Man weise nach, daß die folgenden Matrizen hermitesch sind und bestimme die Eigenvektoren und ein maximales System linear unabhängiger Eigenvektoren:

$$\text{a) } \begin{bmatrix} 2 & 1-2i \\ 1+2i & 6 \end{bmatrix}, \quad \text{b) } \begin{bmatrix} 4 & 0 & 2i \\ 0 & 0 & 0 \\ -2i & 0 & 1 \end{bmatrix}, \quad \text{c) } \begin{bmatrix} 2 & i & 2i \\ -i & 2 & 2 \\ -2i & 2 & 5 \end{bmatrix}.$$

5.4.9. Gegeben sei die allgemeine Eigenwertaufgabe $Ax = \lambda Bx$. Man bestimme – falls vorhanden – Eigenwerte und zugehörige Eigenvektoren des folgenden Matrizenpaares A, B:

$$\text{a) } A = \begin{bmatrix} 3 & 6 \\ -6 & -3 \end{bmatrix}, \qquad B = \begin{bmatrix} 1 & 0 \\ 2 & -3 \end{bmatrix},$$

$$\text{b) } A = \begin{bmatrix} 1 & -4 \\ 4 & -2 \end{bmatrix}, \qquad B = \begin{bmatrix} 1 & 3 \\ 2 & 6 \end{bmatrix},$$

$$\text{c) } A = \begin{bmatrix} -3 & 4 \\ -4 & 5 \end{bmatrix}, \qquad B = \begin{bmatrix} 1 & 0 \\ 1 & 1 \end{bmatrix}.$$

5.4.10. Man bestimme eine Transformation $x = Ry$, die die quadratische Form $x^T Cx$ in ihre metrische Normalform überführt (Hauptachsentransformation). Als Matrizen C verwende man die symmetrischen Matrizen der Aufgabe 5.4.5.

5.4.11. Die folgenden Kegelschnittsgleichungen bringe man durch eine geeignete Transformation auf eine Form, in der alle gemischt-quadratischen Glieder fehlen. Um welchen Kegelschnittstyp handelt es sich?

a) $13x_1^2 - 10x_1 x_2 + 13x_2^2 - 288 = 0$,

b) $9x^2 - 24xy + 16y^2 - 130x + 90y + 175 = 0$,

c) $5x^2 - 6xy - 3y^2 + 2x + 18y - 43 = 0$.

5.5.   Weitere Anwendungen

5.5.1. Die durch die Punkte $P(1, 2, 1)$ und $Q(3, -1, 4)$ aufgespannte Gerade g sei die Drehachse eines starren Körpers, der mit konstanter Winkelgeschwindigkeit ω um g rotiert. $R(-1, 2, 1)$ sei ein Punkt des starren Körpers, die skalare Geschwindigkeit von R betrage $v = 3 \, \text{m} \cdot \text{s}^{-1}$. Man bestimme die Winkelgeschwindigkeit ω und den Winkelgeschwindigkeitsvektor u. (Die Koordinateneinheit sei 1 cm.)

(Hinweis: Ist r der Ortsvektor des Punktes R, gerechnet von einem Punkt der Drehachse aus, so gilt für den Geschwindigkeitsvektor v des Punktes R die Gleichung $v = u \times r$. Für u gilt: $|u| = \omega$, $u \| g$.)

5.5.2. An einem Knotenpunkt von 3 Seilen wirkt eine Kraft von 10 kN in Richtung $-e_3$. Die Richtungen der Seile (vom Kraftangriffspunkt zu den Befestigungspunkten der Seile) sind durch folgende Vektoren gegeben:

$$a_1 = -15e_1 + e_3, \quad a_2 = -10e_2 + e_3, \quad a_3 = 5e_1 + 10e_2 + 2e_3.$$

Welchen Belastungen sind die einzelnen Seile ausgesetzt?

5.5.3. Vorgegeben seien die vier Punkte $A_1(-4, 0, 0)$, $A_2(1, -2, 0)$, $A_3(1, 2, 0)$, $Q(1, 0, 5)$. A_1Q, A_2Q, A_3Q seien die drei Stäbe S_1, S_2, S_3 eines Bockgerüstes; S_1, S_2, S_3 sind in A_1, A_2, A_3 befestigt. In der Spitze Q des Bockgerüstes sollen die Kräfte $F_1 = 3e_1 + e_2$ und $F_2 = e_2 + 2e_3$ angreifen. Man berechne die in S_1, S_2, S_3 wirkenden Stabkräfte.

5.5.4. Von einem Punkt $P(3, 3, 5)$ fällt ein Lichtstrahl in Richtung des Vektors $a = -e_1 - e_2 - 2e_3$ auf einen Planspiegel, dessen Oberfläche durch die Ebene $x + 2y + 3z = 6$ beschrieben wird.

a) Gesucht ist die Gleichung der Geraden, auf der der reflektierte Strahl liegt.
b) Wie groß ist der Winkel zwischen dem einfallenden Strahl und dem reflektierten Strahl?

5.5.5. Vorgegeben seien die Vektoren $m = -17e_1 + 13e_2 + 7e_3$ und $r = 2e_1 + e_2 + 3e_3$. Man bestimme jenen Vektor k, für den gilt: $m = r \times k$ und $rk = 5$.
(Hinweis: m: Vektor des Drehmoments; k: Kraftvektor; r: Radiusvektor.)

5.5.6. a sei ein n-dimensionaler (reeller) Spaltenvektor mit $|a| = 1$. Daraus werde die (n, n)-Matrix $A = E - 2aa^{\mathsf{T}}$ gebildet. (A ist eine sog. Householder-Matrix; E: Einheitsmatrix)

a) Man berechne A^2.
b) Was folgt hieraus für A^{-1} und damit für A^p (p ganze Zahl)?
c) Wie lautet A für das Zahlenbeispiel

$$a = \left[\frac{2}{5}, \ -\frac{2}{5}, \ \frac{4}{5}, \ \frac{1}{5} \right]^{\mathsf{T}} ?$$

6. Lineare Optimierung

6.1. Aufstellung linearer und linearer ganzzahliger Modelle

Produktionsplan, Schichtplan, Zuschnittproblem, Transportproblem (Bd. 14, 2.)

6.1.1. Man stelle für die folgende Aufgabe ein mathematisches Modell auf: Ein Betrieb produziert aus drei Rohstoffen die Produkte P_1 und P_2. Mit Hilfe der technologischen Daten der folgenden Tabelle ist ein Produktionsplan gesucht, der maximalen Gewinn sichert:

	Verbrauch pro Einheit P_1	Verbrauch pro Einheit P_2	Verfügbare Rohstoffmenge
Rohstoff 1	2	4	16
Rohstoff 2	2	1	10
Rohstoff 3	4	0	20
Gewinn (in GE)	2	3	

6.1.2. Man erarbeite für die folgende Aufgabe ein mathematisches Modell: Ein Betrieb exportiert drei Produkte P_1, P_2, P_3, die aus Materialien M_1, M_2, M_3, M_4 hergestellt werden. Der Absatz von 1 kg P_1, P_2 bzw. P_3 bringt 2, 3 bzw. 1 Deviseneinheiten. Der Materialbedarf bei der Produktion und die zur Verfügung stehenden Materialmengen sind in der folgenden Tabelle angegeben. Man bestimme die zu produzierenden Mengen von P_1, P_2 und P_3 so, daß der Devisengewinn möglichst groß wird.

	M_1	M_2	M_3	M_4
Materialbedarf für 1 kg P_1	0	3	1	4
Materialbedarf für 1 kg P_2	2	2	2	0
Materialbedarf für 1 kg P_3	2	2	1	1
Zur Verfügung stehende Mengen	12	15	15	10

6.1.3. Man erstelle für die folgende Aufgabe ein mathematisches Modell: In einem Textilbetrieb werden in einem bestimmten Planungszeitraum zwei verschiedene Stoffe S_1 und S_2 hergestellt. Dabei sind folgende Beschränkungen zu beachten: Die Kapazität der Webautomaten für beide Stoffe beträgt 50 Einheiten für S_1 und 40 Einheiten für S_2; im Teilbetrieb A erfordert die Erzeugung einer Einheit S_1 2 % und einer Einheit S_2 4/3 % der Produktionskapazität, im Teilbetrieb B beansprucht die Erzeugung einer Einheit S_1 und einer Einheit S_2 jeweils 5/3 % der Produktionskapazität. Beide Stoffe müssen die Teilbetriebe A und B durchlaufen. Weiterhin besteht die Forderung, daß von S_1 mindestens 20 Einheiten hergestellt werden sollen.

Es soll ein Produktionsplan ermittelt werden, der maximalen Produktionsumfang garantiert. Dieser Umfang soll durch den Betriebsabgabepreis gemessen werden, der pro Einheit S_1 600,– M, pro Einheit S_2 500,– M beträgt.

6.1.4. Für die folgende Aufgabe soll ein mathematisches Modell aufgestellt werden: Ein Betrieb soll die drei Erzeugnisse A, B, C produzieren. Dazu stehen ihm 205 Arbeitsstunden zur Verfügung. Folgende Daten sind gegeben:

	A	B	C
Herstellungszeit pro Stück (in Std.)	1	3	2
Gewinn pro Stück (in GE)	4	6	3

An Bedingungen ist einzuhalten: Von A sollen höchstens 100 Stück, von C mindestens 30 Stück hergestellt werden, außerdem soll von B mindestens $\frac{1}{3}$ der Stückzahl von C vorhanden sein. Wie muß der Betrieb produzieren, damit sein Gewinn möglichst groß wird?

6.1.5. Man stelle für die folgende Aufgabe ein mathematisches Modell auf: Ein Schiff mit einer Ladefähigkeit von 7 000 t und einer Laderaumkapazität von 10 000 m³ soll 3 Güter G_1, G_2 und G_3 in solchen Mengen laden, daß der Frachtertrag möglichst groß wird. Die folgende Tabelle enthält für jedes Gut die angebotene Menge M in t, den benötigten Laderaum R in m³/t und den Frachtertrag F in Mark/t:

	G_1	G_2	G_3
M	3 500	4 000	2 000
R	1,2	1,1	1,5
F	25	30	35

6.1.6. Man erarbeite für die folgende Aufgabe ein mathematisches Modell: Zur Produktion von mindestens 100 Bauteilen einer Sorte B_1 und mindestens 150 Bauteilen einer Sorte B_2 stehen 3 Maschinen M_1, M_2, M_3 zur Verfügung. Jede Sorte kann auf jeder Maschine hergestellt werden, allerdings mit unterschiedlichem Zeitaufwand. Die folgende Tabelle gibt die Herstellungszeit (in Stunden) an, die für ein Bauteil der Sorte B_i auf der Maschine M_k benötigt wird; die mögliche Einsatzzeit beträgt für M_1 180 Stunden, für M_2 150 Stunden, für M_3 100 Stunden.

	M_1	M_2	M_3
B_1	2	(*)	1
B_2	3	1,5	1

(*) bedeutet: B_1 kann auf M_2 nicht hergestellt werden.

Wieviel Bauteile jeder Sorte hat jede Maschine zu produzieren, damit die Gesamtherstellungszeit ein Minimum wird?

6.1.7. Man stelle für die folgende Aufgabe ein mathematisches Modell auf: Auf zwei Maschinen M_1 und M_2 können zwei Produkte P_1 und P_2 hergestellt werden. Dabei beträgt die Stundenleistung von M_1 60 Mengeneinheiten von P_1 oder 60 Mengeneinheiten von P_2, diejenige von M_2 90 ME P_1 oder 60 ME P_2, und beide Maschinen sollen höchstens je 8 Stunden eingesetzt werden. Die produzierte Menge von P_2 muß genau doppelt so groß sein wie diejenige von P_1. Wie ist die Produktion auf die Maschinen zu verteilen, damit eine möglichst große Gesamtmenge von P_1 und P_2 hergestellt wird?

6.1.8. Gesucht ist ein mathematisches Modell für die folgende Aufgabe: Zwei Werften W_1 und W_2 können Schiffe von 4 verschiedenen Typen T_1, ..., T_4 bauen. Jede Werft kann jeden Typ herstellen.

4*

	T_1	T_2	T_3	T_4
GE:	2	5	3	6

Die Tabelle gibt den Gewinn beim Verkauf eines Schiffes des jeweiligen Typs an. Es sollen in W_1 höchstens 4 Schiffe und in W_2 höchstens 6 Schiffe gebaut werden; außerdem muß gesichert sein, daß mindestens 3 Schiffe des Typs T_1 sowie von den Typen T_2 und T_3 zusammen mindestens 4 Schiffe hergestellt werden.

Wie ist zu produzieren, damit ein größtmöglicher Gesamtgewinn erzielt wird?

6.1.9. Aus den Rohstoffen R_1 und R_2 werden die Produkte P_1 und P_2 hergestellt. Die folgende Tabelle gibt die Menge der benötigten Rohstoffe (in kg) und den Gewinn (in GE) für 1 kg des jeweiligen Produktes, sowie die Vorräte an Rohstoffen (in kg) an. Für 1 kg des Produktes P_2 benötigt man außerdem 4 kg eines weiteren Rohstoffes R_3, von dem 2 000 kg vorrätig sind. Bei der Produktion von 1 kg P_1 fallen jedoch zusätzlich 2 kg dieses Rohstoffes R_3 als Nebenprodukt an, die sofort mit verwendbar sind. Der Produktionsplan soll einen maximalen Gewinn garantieren.

	R_1	R_2	Gewinn
P_1	3	6	15
P_2	2	7	20
Vorrat	13 000	40 000	

a) Man stelle für diesen Plan ein mathematisches Modell auf.
b) Im Plan sollen weiterhin folgende Zusatzbedingungen Berücksichtigung finden: Produkt P_1 wird in Packungen zu 25 kg, Produkt P_2 in Packungen zu 50 kg hergestellt, und von P_1 müssen mindestens 150 Packungen geliefert werden. Wie lautet nunmehr das mathematische Modell?

6.1.10. Man erarbeite für folgende Aufgabe ein mathematisches Modell: Zur Herstellung eines Mischfutters für die Fütterung einer bestimmten Tierart stehen drei Futtermittel F_1, F_2 und F_3 zur Verfügung. Die folgende Tabelle enthält die Preise der Futtermittel sowie deren Gehalt an Eiweiß (A), Kohlenhydraten (B) und Fett (C):

	F_1	F_2	F_3
Einheiten von A pro kg Futtermittel	2	3	1
Einheiten von B pro kg Futtermittel	3	1	2
Einheiten von C pro kg Futtermittel	1	1	1
Preis [GE] pro kg Futtermittel	36	24	18

Eine Mischung aus den drei Futtermitteln soll mindestens 80 Einheiten von A und mindestens 70 Einheiten von B, jedoch höchstens 60 Einheiten von C enthalten.

Man stelle unter diesen Bedingungen eine möglichst billige Mischung her.

6.1.11. Ein Konfektionsbetrieb bekommt Stoffballen von 200 cm Breite geliefert. Daraus sollen zur Weiterverarbeitung mindestens 30 Ballen von 110 cm Breite, 40 Ballen von 75 cm Breite und 15 Ballen von 60 cm Breite hergestellt werden. Man gebe je ein mathematisches Modell für die folgenden drei Aufgaben an:

a) Der beim Zuschnitt auftretende Stoffabfall soll möglichst gering werden,

b) der Stoffabfall einschließlich der über die geforderte Mindestanzahl hinaus entstehenden Teilballen soll möglichst gering werden,
c) die Anzahl der zu zerschneidenden Grundballen soll möglichst gering werden.

6.1.12. Man stelle für die Aufgaben a) und b) je ein mathematisches Modell auf: Aus Grundblechen der Größe 100 cm × 100 cm sollen durch Zerschneiden mindestens 10 Bleche der Größe 100 cm × 40 cm und mindestens 20 Bleche der Größe 60 cm × 30 cm hergestellt werden. Wie ist der Zuschnitt vorzunehmen, damit

a) die Anzahl der zu zerschneidenden Grundbleche,
b) der Schnittabfall

möglichst gering bleibt? Dabei sollen die Schnitte nur parallel zu den Kanten der Grundbleche verlaufen.

6.1.13. Für die folgende Aufgabe erarbeite man ein mathematisches Modell: Zur Herstellung eines bestimmten Gegenstandes werden drei Eisenstäbe benötigt. Zwei von ihnen müssen je 2 m, der dritte 2,50 m lang sein. Zur Verfügung stehen 100 Stäbe zu je 5 m und 140 Stäbe zu je 4 m Länge. Wie sind diese Stäbe zu zerschneiden, damit eine möglichst große Stückzahl der genannten Gegenstände hergestellt werden kann?

6.1.14. Gesucht ist ein mathematisches Modell für die folgende Aufgabe: Ein Verkehrsbetrieb hat auf Grund der verschiedenen Verkehrsdichte einen tageszeitlich wechselnden Bedarf an Arbeitskräften. Er ist aus der folgenden Tabelle ersichtlich:

Uhrzeit	1–5	5–9	9–13	13–17	17–21	21–1
benötigte Arbeitskräfte	15	20	16	22	20	9

Die Arbeitszeit beträgt 8 Stunden und kann um 1, 5, 9, 13, 17 und 21 Uhr begonnen werden. Dabei müssen die beiden Halbschichten zusammenhängend sein. Man ermittle einen Schichtplan, der mit einer möglichst geringen Anzahl von Arbeitskräften auskommt.

6.1.15. Für die folgende Aufgabe erarbeite man ein mathematisches Modell: Nach Abschluß von Montagearbeiten stehen auf einer Baustelle A vier Kräne, auf einer zweiten Baustelle B sechs Kräne zur Verfügung. Auf zwei anderen Baustellen C und D werden drei bzw. fünf Kräne benötigt. Die Bewegung eines Kranes kostet pro Kilometer 10 Mark, die Entfernungen der Baustellen voneinander betragen: $\overline{AC} = 40$ km, $\overline{AD} = 70$ km, $\overline{BC} = 90$ km, $\overline{BD} = 50$ km. In welcher Anzahl müssen Kräne von A und B nach C bzw. D umgesetzt werden, damit die entstehenden Gesamtkosten minimal werden?

6.1.16. Für die folgende Aufgabe ist ein mathematisches Modell anzugeben: m Erdbewegungsmaschinen M_i ($i = 1, \ldots, m$) sollen auf n Baustellen B_k ($k = 1, \ldots, n$) eingesetzt werden. Betriebskosten und Leistungen der Maschinen sind verschieden und vom Einsatzort abhängig. Jede Maschine kann auf jeder Baustelle eingesetzt werden, die Umsetzung einer Maschine auf eine andere Baustelle soll in den Zeitfonds und in die Kosten nicht eingehen. Gegeben sind dazu folgende Daten:

K_i: maximal mögliche Arbeitszeit (in Stunden) der Maschine M_i,
Q_k: auf der Baustelle B_k zu bewegende Kubikmeter Erde,
b_{ik}: Stundenleistung (in Kubikmetern) der Maschine M_i auf der Baustelle B_k,
c_{ik}: Kosten je Arbeitsstunde für die Maschine M_i auf der Baustelle B_k.

Wie müssen die Maschinen eingesetzt werden, damit die Gesamtkosten für die Erdbewegung minimal werden?

6.1.17. In einem Landschaftsgebiet sollen m verschiedene Kulturen K_i angebaut werden, deren Ernteerträge lt. Plan in einem vorgeschriebenen Verhältnis $p_1 : p_2 : \ldots : p_m$ stehen müssen. Das Landschaftsgebiet zerfällt in n Bezirke A_k der Fläche q_k (in ha), die auf Grund klimatischer Bedingungen und weiterer natürlicher Faktoren eine unterschiedliche Eignung für den Anbau der verschiedenen Kulturen aufweisen. Die in dem k-ten Bezirk zu erwartende Ernte je ha der i-ten Kultur ist a_{ik}. Man erstelle ein mathematisches Modell für die Ermittlung eines optimalen Anbauplanes, d.h. zur Erzielung einer maximalen, dem Plan entsprechenden Ernte im gesamten Landschaftsgebiet.

6.2. Graphische Lösung linearer und einfacher nichtlinearer Aufgaben

6.2.1. Man löse die folgenden Optimierungsaufgaben graphisch:

a) ZF: $z = 2x_1 + 3x_2 \overset{!}{=} \max$;

   NB: $x_1 + 2x_2 \leqq 8, \quad x_1 \geqq 0,$

   $\quad\quad 2x_1 + x_2 \leqq 10, \quad x_2 \geqq 0;$

   $\quad\quad\quad\quad x_2 \leqq 3,$

b) ZF: $z = 2x_1 + 4x_2 \overset{!}{=} \max$,   NB wie bei a).

6.2.2. Man löse die folgenden Optimierungsaufgaben graphisch:

a) ZF: $z = 10x_1 + 20x_2 \overset{!}{=} \min$,

b) ZF: $z = 12x_1 + 6x_2 + 10 \overset{!}{=} \min$,

c) ZF: $z = -5x_1 + 6x_2 \overset{!}{=} \min$,

NB für a), b), c): $6x_1 + x_2 \geqq 18, \quad x_1 \geqq 0,$

$\quad\quad\quad\quad\quad\quad x_1 + 4x_2 \geqq 12, \quad x_2 \geqq 0,$

$\quad\quad\quad\quad\quad\quad 2x_1 + x_2 \geqq 10.$

6.2.3. Man löse die folgenden Optimierungsaufgaben graphisch:

a) $z = 3x_1 \overset{!}{=} \max$,   b) $z = 3x_1 \overset{!}{=} \min$,   c) $z = 3x_2 \overset{!}{=} \max$,

d) $z = 3x_2 \overset{!}{=} \min$,   e) $z = -3x_1 + 3x_2 + 3 \overset{!}{=} \max$,

f) $z = -3x_1 + 3x_2 + 3 \overset{!}{=} \min$,

NB jeweils: $-2 \leqq x_1 - x_2 \leqq 4, \; x_1 - 5x_2 \leqq 0, \; x_1 + x_2 \geqq 1,$
$\quad\quad\quad\quad x_1 \geqq 0, \; x_2 \geqq 0.$

6.2.4. Man löse die folgende Optimierungsaufgabe graphisch:

$$z = 10x_1 + 25x_2 + 20x_3 \overset{!}{=} \min;$$

$$1\,700 \leqq 1\,000x_1 + 2\,000x_2 + 1\,500x_3 \leqq 2\,000,$$
$$6x_1 + \quad 2x_2 + \quad 3x_3 \leqq 2{,}8,$$
$$x_1 + \quad x_2 + \quad x_3 = 1, \quad x_i \geqq 0, \quad i = 1, 2, 3.$$

6.2.5. a) Man löse die folgende Optimierungsaufgabe graphisch:

$$z = 3x_1 + 4x_2 \overset{!}{=} \max;$$

$$x_1 + 2x_2 \leqq 11, \qquad x_1 \geqq 0,$$
$$2x_1 + 3x_2 \leqq 18(^*), \qquad x_2 \geqq 0,$$
$$10 \leqq 5x_1 + 2x_2 \leqq 30.$$

b) Wie lautet die Lösung, wenn zusätzlich gefordert wird: x_i ganzzahlig, $i = 1, 2$?

c) Wie lautet das Ergebnis, wenn in a) bei den Nebenbedingungen die Ungleichung (*) durch die Ungleichung $x_1 + x_2 \geqq 8$ ersetzt wird?

6.2.6. Man löse graphisch:

a) Aufgabe 6.1.1.,   b) Aufgabe 6.1.3.,   c) Aufgabe 6.1.9.a), b).

6.2.7. Man löse die folgenden Optimierungsaufgaben graphisch:

a) $z = \quad x_1 - 10x_2 \overset{!}{=} \min;$ b) Aufgabe 6.3.1a),

$$x_1 + \quad 2x_2 \leqq 7,$$
$$2x_1 + \quad x_2 \leqq 10,$$
$$-x_1 + \quad x_2 \leqq 12,$$
$$x_1 + \quad x_2 \geqq 1,$$
$$x_1 \text{ frei}, x_2 \geqq 0,$$

c) Aufgabe 6.3.1b).

6.2.8. Bei den folgenden einfachen nichtlinearen Optimierungsaufgaben ermittle man zunächst graphisch den zulässigen Bereich und verschaffe sich dann durch geeignete Überlegung die Lösung:

a) ZF: $z = x_1 + x_2 \overset{!}{=} \max;$

   NB: $x_1^2 + x_2^2 \leqq 9$, $x_i \geqq 0$, ganzzahlig, $i = 1, 2$.

   Wie lautet die Lösung bei Wegfall der Ganzzahligkeitsforderung?

b) ZF: $z = x_1^2 + x_2^2 \overset{!}{=} \min;$

   NB: $x_1 + x_2 \geqq \dfrac{5}{2}$, $x_i \geqq 0$, ganzzahlig, $i = 1, 2$.

   Wie lautet die Lösung bei Wegfall der Ganzzahligkeitsforderung?

c) ZF: $z = 5x_1 + x_2 \overset{!}{=} \max;$

   NB: $x_1^2 + x_2 \leqq 7$, $x_i \geqq 0$, ganzzahlig, $i = 1, 2$.

   Wie lautet die Lösung bei Wegfall der Ganzzahligkeitsforderung?

d) ZF: $z = |x_1| - |x_2 - x_1| \overset{!}{=} \min;$

   NB: $x_1^2 \leqq x_2$, $x_1 - x_2 + 6 \geqq 0$.

e) ZF: $z = \dfrac{x_1 + x_2}{2x_1 - x_2} \overset{!}{=} \max;$

NB: $(x_1 - 1)x_2 \geqq 3,$

$x_1 + x_2 \leqq 5,$ $\quad x_1 \geqq 0,\ x_2 \geqq 0.$

6.3.   Aufgaben zum Simplexverfahren

Simplexverfahren, duales Simplexverfahren, Aufgaben mit mehreren Optimallösungen, Aufgaben mit einem Parameter (Bd. 14, 3.)

6.3.1. Man gebe zu den folgenden Optimierungsaufgaben die Normalform an:

a) $z = -3x_1 + x_2 - x_3 + 3 \overset{!}{=} \min;$ b) $z = -3x_1 + x_2 - x_3 \overset{!}{=} \max;$

$$
\begin{aligned}
x_1 + x_2 + x_3 &= 5, & x_1 + x_2 + x_3 &= 5, \\
x_1 - 2x_2 &\leqq 3, & x_1 - 2x_2 &\geqq 3, \\
2x_1 + x_2 - x_3 &\geqq 1, & 2x_1 + x_2 - x_3 &\leqq 1,
\end{aligned}
$$

$x_1 \geqq 0,\ x_2 \geqq 0,\ x_3$ frei, $x_1 \geqq 0,\ x_2 \leqq 0,\ x_3$ frei,

c) $z = 20x_1 + 8x_3 + 9x_4 \overset{!}{=} \max;$ d) $z = x_1 + 3x_2 + 3x_3 - x_4 \overset{!}{=} \max;$

$$
\begin{aligned}
x_1 + x_3 &\leqq 3, & x_1 + 4x_2 + 3x_3 &= 38, \\
x_1 + 2x_2 - x_3 &\geqq 1, & 2x_1 + 5x_2 + 5x_3 &= 51, \\
2x_1 + x_4 &= 2, & x_1 + x_2 + x_3 + x_4 &= 15, \quad x_1 \geqq -28,\ 0 \leqq x_2 \leqq 10, \\
0 \leqq x_2 - x_3 + 2x_4 &\leqq 5, & 5x_2 + x_3 + x_4 &\geqq 49, \quad x_3 \text{ frei},\ x_4 \text{ frei}.
\end{aligned}
$$

$x_1 \geqq 0,\ x_2$ frei, $x_3 \geqq 0,\ x_4$ frei,

6.3.2. Man löse die folgenden Optimierungsaufgaben mit dem Simplexverfahren:

a) $z = -13x_1 + 37x_2 + 12x_3 + 48 \overset{!}{=} \min;$ b) $z = 3x_1 + 7x_2 - 2x_3 \overset{!}{=} \max;$

$$
\begin{aligned}
x_1 - 2x_2 - x_3 &\leqq 2, & 5x_1 + 3x_2 - x_3 &\leqq 30, \\
2x_1 - 5x_2 - x_3 &\leqq 4, & 8x_1 + 4x_2 - x_3 &\leqq 44, \\
x_1 - 3x_2 - x_3 &\leqq 1, & 5x_1 + x_2 - x_3 &\leqq 6,
\end{aligned}
$$

$x_i \geqq 0,\ i = 1, 2, 3,$ $x_i \geqq 0,\ i = 1, 2, 3,$

c) $z = 2x_1 - 2x_2 - x_3 - x_4 \overset{!}{=} \min;$ d) $z = 3x_1 - x_2 + x_3 + x_4 \overset{!}{=} \max;$

$$
\begin{aligned}
-x_1 + 2x_2 + x_3 - x_4 &\leqq 1, & 2x_1 + x_2 - 3x_3 - x_4 &\leqq 4, \\
x_1 + 4x_2 - 2x_4 &\leqq 1, & -x_1 + x_2 + 3x_3 - 2x_4 &\leqq 4, \\
x_1 - x_2 + x_4 &\leqq 4, & -x_1 + 2x_3 + x_4 &\leqq 4,
\end{aligned}
$$

$x_i \geqq 0,\ i = 1, \ldots, 4,$ $x_i \geqq 0,\ i = 1, \ldots, 4,$

e) $z = 2x_1 + 6x_2 - 2x_3 + 1 \overset{!}{=} \max;$

$$
\begin{aligned}
2x_2 + x_3 &\leqq 12, & -2x_1 + 4x_2 + 4x_3 &\leqq 25, \\
x_1 + 2x_2 - 2x_3 &\leqq 18, & -x_1 + 2x_3 &\geqq -12,
\end{aligned}
$$

$$x_i \geqq 0,\ i = 1, 2, 3,$$

f) $z = 5x_1 + 2x_2 + 4x_3 + 2 \overset{!}{=} \max;$

$$2x_1 \qquad + 2x_3 \leqq 12,$$
$$2x_1 + 4x_2 - 2x_3 \leqq 28,$$

$$4x_1 - 2x_2 + 4x_3 \leqq 30,$$
$$3x_2 - x_3 \leqq 20,$$
$$x_i \geqq 0,\ i = 1, 2, 3,$$

g) $z = 10x_1 + 2x_2 - 5x_3 - 2 \overset{!}{=} \max;$

$$2x_1 + x_2 - 2x_3 \leqq 3,$$
$$-8x_1 - 2x_2 + 5x_3 \leqq 2,$$
$$-x_1 + 2x_2 - 3x_3 \geqq 7,$$
$$x_i \geqq 0,\ i = 1, 2, 3,$$

h) $z = 4x_1 - 17x_2 - 5x_3 \overset{!}{=} \min;$

$$x_1 - 3x_2 - 2x_3 \leqq 3,$$
$$2x_1 - 7x_2 - 3x_3 \geqq 8,$$
$$2x_1 - 8x_2 - x_3 \leqq 13,$$
$$x_i \geqq 0,\ i = 1, 2, 3,$$

i) $z = x_1 + x_2 - 3x_3 - 6x_4 \overset{!}{=} \max;$

$$x_2 \qquad - 3x_4 \leqq 4,$$
$$x_1 - x_2 - x_3 + x_4 = -3,$$
$$x_1 + x_2 - 2x_3 - 4x_4 = 8,$$
$$x_i \geqq 0,\ i = 1, \ldots, 4,$$

j) $z = 2x_1 - x_2 - x_3 - x_4 \overset{!}{=} \min;$

$$2x_1 \qquad + x_3 - 2x_4 \leqq 8,$$
$$x_1 - x_2 + x_3 - x_4 = -3,$$
$$-x_1 \qquad + x_3 + x_4 = 5,$$
$$x_i \geqq 0,\ i = 1, \ldots, 4,$$

k) $z = 3x_1 + x_2 - x_3 + x_4 \overset{!}{=} \max;$

$$2x_1 - 4x_2 + x_3 - x_4 = 6,$$
$$x_1 - 6x_2 - x_3 + 2x_4 = -1,$$
$$-x_1 + 2x_2 \qquad + x_4 = 17,$$
$$x_i \geqq 0,\ i = 1, \ldots, 4,$$

l) $z = x_1 - x_2 + x_3 - x_4 \overset{!}{=} \min;$

$$2x_1 - 4x_2 + x_3 - x_4 = 6,$$
$$x_1 - 6x_2 - x_3 + 2x_4 = -1,$$
$$x_1 + 10x_2 + 5x_3 - 8x_4 = 15,$$
$$x_i \geqq 0,\ i = 1 \ldots, 4.$$

6.3.3. Man löse mit dem Simplexverfahren:

a) Aufgabe 6.2.7. a),   b) Aufgabe 6.3.1. b),   c) Aufgabe 6.3.1. d).

6.3.4. Man behandle folgende Aufgaben mit dem Simplexverfahren:

a) $z = 2x_1 - 6x_2 \overset{!}{=} \min;$

$$2x_1 - x_2 \qquad \leqq 10,$$
$$x_1 - 3x_2 \qquad \leqq 15,$$
$$3x_1 \qquad + x_3 = 12,$$
$$x_i \geqq 0,\ i = 1, 2, 3,$$

b) $z = -15x_1 - 7x_2 + 28x_3 \overset{!}{=} \min;$

$$x_1 + x_2 - 5x_3 \leqq 12,$$
$$2x_1 + x_2 - 4x_3 \leqq 10,$$
$$9x_1 + 4x_2 - 18x_3 \leqq 44,$$
$$x_i \geqq 0,\ i = 1, 2, 3,$$

c) $z = x_1 + x_2 - x_3 \overset{!}{=} \min;$

$$x_1 \qquad - 2x_3 \leqq 0,$$
$$3x_1 - x_2 - 4x_3 \leqq 0,$$
$$x_1 + 2x_2 \qquad \geqq 10,$$
$$x_2 + 3x_3 \geqq 4,$$
$$x_i \geqq 0,\ i = 1, 2, 3,$$

d) $z = 2x_1 - x_2 + x_3 \overset{!}{=} \max;$

$$x_1 + x_2 - x_3 - x_4 = 4,$$
$$2x_1 + 3x_2 - x_3 - 2x_4 = 9,$$
$$x_2 + 2x_3 \qquad \geqq 3,$$
$$x_i \geqq 0,\ i = 1, \ldots, 4,$$

e) Aufgabe 6.3.1. a).

6.3.5. Man löse mit dem Simplexverfahren:

a) Aufgabe 6.1.1.,   b) Aufgabe 6.1.2.,   c) Aufgabe 6.1.3.,
d) Aufgabe 6.1.4.,   e) Aufgabe 6.1.5.,   f) Aufgabe 6.1.7.,
g) Aufgabe 6.1.9. a).

6.3.6. Man wende auf die folgende Aufgabe das Simplexverfahren an und vergleiche die einzelnen Basislösungen mit der Optimallösung:

$$z = 40x_1 - 40x_2 - 30x_3 + 10x_4 \stackrel{!}{=} \max;$$

$$\begin{aligned}
x_1 - x_2 + x_3 &\leq 10, \\
x_1 \qquad - 2x_3 &\leq 20, \\
4x_1 - 2x_2 - x_3 &\leq 40, \\
-2x_1 + x_2 - 2x_3 + x_4 &= 20, \qquad x_i \geq 0,\ i = 1, \ldots, 4.
\end{aligned}$$

6.3.7. Bei den folgenden Optimierungsaufgaben bestimme man alle Lösungen:

a) $z = 8x_1 - 8x_2 + 2x_3 \stackrel{!}{=} \max;$

$$\begin{aligned}
x_1 - 2x_2 + x_3 &\leq 0, \\
-x_2 + 2x_3 &\geq -2, \\
x_1 - x_2 + x_3 &\leq 1, \\
x_i \geq 0,\ i &= 1, 2, 3,
\end{aligned}$$

b) $z = 2x_1 - x_2 \stackrel{!}{=} \max;$

$$\begin{aligned}
2x_1 - x_2 + 2x_3 &\leq 5, \\
2x_1 - 2x_2 + x_3 &\leq 2, \\
x_1 - x_2 + x_3 &\leq 2, \\
x_i \geq 0,\ i &= 1, 2, 3,
\end{aligned}$$

c) $z = x_1 + 2x_2 - x_3 + 20 \stackrel{!}{=} \min;$

$$\begin{aligned}
x_1 - 2x_2 + x_3 &\leq 4, \\
x_1 - 3x_2 + x_3 + x_4 &\leq 12, \\
-3x_1 - 4x_2 + 5x_3 + x_4 &\leq 26, \\
x_i \geq 0,\ i &= 1, \ldots, 4,
\end{aligned}$$

d) $z = 3x_2 - x_3 \stackrel{!}{=} \max;$

$$0 \leq x_1 - 2 \leq x_2 - 3 \leq x_3 - 4 \leq 7.$$

6.3.8. Gegeben ist die Optimierungsaufgabe

$$z = x_1 + 2x_2 + x_3 \stackrel{!}{=} \max;$$

$$\begin{aligned}
x_1 + x_2 &\leq 10, \\
x_2 + x_3 &\leq 14, \\
x_1 \qquad + x_3 &\geq 15, \qquad x_i \geq 0,\ i = 1, 2, 3.
\end{aligned}$$

a) Man bestimme alle Lösungen.
b) Gibt es unter ihnen eine Lösung mit $x_1 = x_2$?

6.3.9. Gegeben ist die Optimierungsaufgabe

$$z = x_1 - 3x_2 + 2x_3 \stackrel{!}{=} \min;$$

$$\begin{aligned}
x_1 - x_2 &\geq 1, \\
x_2 - 2x_3 &\geq 1, \\
x_1 \qquad - x_3 &\leq 4, \qquad x_i \geq 0,\ i = 1, 2, 3.
\end{aligned}$$

Man bestimme

a) alle Lösungen,
b) alle ganzzahligen Lösungen.

6.3.10. Man löse mit dem Simplexverfahren und gebe jeweils alle Lösungen an:

a) Aufgabe 6.3.1. c),　　　b) Aufgabe 6.1.8.,　　　c) Aufgabe 6.1.13.

6.3.11. Man gebe zu den folgenden Optimierungsaufgaben die jeweils zugehörige duale Aufgabe an:

a) $z = 4x_1 + 3x_2 - x_3 \overset{!}{=} \max;$

$$\begin{aligned}
x_1 + x_2 \quad\;\; &\leq 11, \\
2x_1 - x_2 + x_3 &\leq 7, \\
x_2 - x_3 &\leq 0, \\
x_1 \quad\;\; + x_3 &\leq 10, \\
x_i \geq 0,\; i = 1, 2, 3,&
\end{aligned}$$

b) $z = 2x_2 - x_3 \overset{!}{=} \max;$

$$\begin{aligned}
x_1 + x_2 + x_3 &\leq 4, \\
3x_2 + 5x_3 &= 15, \\
-x_1 + x_2 \quad\;\; &\geq 0, \\
x_2 - x_3 &= 2, \\
x_1 - x_2 - x_3 &\leq -2, \\
x_1 \geq 0,\; x_2 \text{ frei},\; x_3 &\leq 0,
\end{aligned}$$

c) Aufgabe 6.3.2. h),　　　d) Aufgabe 6.3.4. b).

6.3.12. Bei den folgenden Aufgaben ermittle man durch Anwendung des Simplexverfahrens auf die primale Aufgabe die Lösung (bzw. das Lösungsverhalten) von primaler und dualer Aufgabe:

a) Aufgabe 6.3.11. a),　　　b) Aufgabe 6.3.11. c),　　　c) Aufgabe 6.3.11. d).

6.3.13. Man behandle die folgenden Aufgaben mit dem dualen Simplexverfahren:

a) $z = x_1 + x_2 + 2x_3 \overset{!}{=} \min;$

$$\begin{aligned}
3x_1 + 3x_2 - x_3 &\leq 7, \\
2x_1 + 4x_2 - x_3 &\leq 10, \\
x_1 - 3x_2 - 3x_3 &\leq 1, \\
x_1 - x_2 - x_3 &\geq 2, \\
x_i \geq 0,\; i = 1, 2, 3,&
\end{aligned}$$

b) $z = x_1 + x_2 + 2x_3 \overset{!}{=} \min;$

$$\begin{aligned}
3x_1 + 3x_2 + x_3 &\leq 7, \\
2x_1 + 4x_2 - x_3 &\leq 10, \\
x_1 - 3x_2 - 3x_3 &\leq 1, \\
x_1 - x_2 - x_3 &\geq 2, \\
x_i \geq 0,\; i = 1, 2, 3.&
\end{aligned}$$

6.3.14. Man löse mit dem dualen Simplexverfahren und gebe ggf. alle Lösungen an:

a) Aufgabe 6.1.6.,　　　b) Aufgabe 6.1.10.,　　　c) Aufgabe 6.1.11.a),
d) Aufgabe 6.1.14.

6.3.15. Gegeben sind die parametrischen Optimierungsaufgaben:

a) $z = 2x_1 - 3x_2 - x_3 \overset{!}{=} \max;$

$$\begin{aligned}
x_1 - x_2 - x_3 &\leq 3, \\
2x_1 \quad\;\; + 2x_3 &\leq 7, \\
x_1 - 2x_2 + x_3 &\leq 4, \\
2x_2 + x_3 &\leq t, \\
x_i \geq 0,\; i = 1, 2, 3,&
\end{aligned}$$

b) $z = 3x_1 + 5x_2 + 8x_3 \overset{!}{=} \min;$

$$\begin{aligned}
x_1 + x_2 - x_3 &\geq 5, \\
2x_2 + x_3 &\leq 10, \\
x_1 \quad\;\; + x_3 &\leq t, \\
x_i \geq 0,\; i = 1, 2, 3,&
\end{aligned}$$

c) $z = (t - 3)x_1 - tx_2 \stackrel{!}{=} \max;$ d) $z = tx_1 - x_2 \stackrel{!}{=} \min;$

$$x_1 + x_2 - x_3 \qquad + 2 = 0, \qquad x_1 - x_2 \leqq t,$$
$$2x_1 - x_2 \qquad - x_4 + 1 = 0, \qquad -2x_1 + x_2 \leqq 2t,$$
$$x_i \geqq 0, \, i = 1, \dots, 4, \qquad x_i \geqq 0, \, i = 1, 2,$$

e) $z = (2 - t)x_1 + 2x_2 - (2 - t)x_3 + 1 - 2t^2 \stackrel{!}{=} \min;$

$$-x_1 + x_2 - x_3 \geqq t^2,$$
$$x_1 \qquad - x_3 \leqq 2 - t, \qquad x_i \geqq 0, \, i = 1, 2, 3.$$

Man bestimme jeweils alle Werte t, für welche diese Aufgaben lösbar sind, und gebe die zugehörigen Lösungen an.

6.4.   Transportprobleme

Abgesättigte Transportprobleme, nicht abgesättigte Transportprobleme, Transportprobleme mit Zusatzbedingungen (Bd. 14, 4.1.)

Hinweis zur Bezeichnungsweise:

Grundschema: $\dfrac{\quad b^{\mathsf{T}}\quad}{a \mid C}$, $a = \begin{bmatrix} a_1 \\ \vdots \\ a_m \end{bmatrix}$ mit a_i: Vorrat des Erzeugers E_i,

$b^{\mathsf{T}} = [b_1, \dots, b_n]$ mit b_k: Bedarf des Verbrauchers V_k,

$C = \begin{bmatrix} c_{11} \dots c_{1n} \\ \vdots \quad \vdots \\ c_{m1} \dots c_{mn} \end{bmatrix}$ mit c_{ik}: spezifische

Transportkosten auf dem Weg von E_i nach V_k,

$X = \begin{bmatrix} x_{11} \dots x_{1n} \\ \vdots \quad \vdots \\ x_{m1} \dots x_{mn} \end{bmatrix}$ mit x_{ik}: zu transportierende Menge

von E_i nach V_k, $i = 1, \dots, m$, $k = 1, \dots, n$.

6.4.1. Gegeben ist das abgesättigte Transportproblem mit dem Grundschema:

	30	10	20
20	1	4	2
40	2	3	1

Man löse das Problem

a) mit dem Simplexverfahren,
b) mit dem Transportalgorithmus.

6.4.2. Gegeben sind die folgenden Transportprobleme (Angabe der Grundschemata):

a)

	1	6	3	4
5	4	3	6	8
3	2	5	2	1
6	1	3	3	4

b)

	15	21	7	13	3
14	20	16	18	20	17
6	12	15	13	15	10
22	8	10	17	11	13
12	5	12	15	18	17
5	13	14	16	12	16

c)

	70	70	60	40
60	2	3	8	6
80	9	7	3	4
50	1	7	2	5
50	5	4	7	6

d)

	6	12	10	8	4
8	6	2	8	7	5
14	4	4	7	5	9
12	2	1	3	6	4
6	5	6	4	8	3

e)

	20	80	30	70
50	3	2	6	11
60	8	1	7	7
50	2	5	2	4
40	3	2	7	5

f)

	2	4	8	2	1	1
3	5	3	7	3	8	5
6	5	6	12	5	7	11
2	2	8	3	4	8	2
7	9	6	10	5	10	9

Man ermittle einen ersten Transportplan

α) nach der Nordwesteckenregel oder
β) nach der Regel des einfachen Vorzugs (Spaltenminimumregel) oder
γ) nach der Regel des doppelten Vorzugs (Regel der minimalen Kosten) oder
δ) nach der Methode von Vogel
sowie die zugehörigen Transportkosten z und bestimme die optimale Lösung (ggf. die Gesamtheit aller optimalen Lösungen).

6.4.3. Gegeben ist das Transportproblem mit dem Grundschema:

	3	3	2	2	4
3	1	2	4	1	4
5	3	1	2	4	5
4	3	5	4	2	3
2	7	6	4	4	4

a) Man ermittle mit der Nordwesteckenregel einen ersten Transportplan und wende dann den Transportalgorithmus an. Was zeigt der Vergleich zwischen der so erhaltenen optimalen Lösung und dem ersten Plan?
b) Man behandle die Aufgabe als entartetes Transportproblem.

6.4.4. Gegeben ist das Transportproblem mit dem Grundschema:

	30	10	10	10	30	40
10	2	1	5	5	3	11
20	2	2	4	4	5	2
30	1	3	5	5	5	2
70	4	6	6	1	1	10

und den Zusatzbedingungen (Bezeichnungen s. o.):

α) E_4 hat V_1, V_2 und V_3 maximal zu beliefern,

β) der Weg von E_3 nach V_6 ist gesperrt,

γ) der Weg von E_2 nach V_6 ist gesperrt,

δ) von E_3 nach V_6 sollen höchstens 15 Einheiten transportiert werden,

ε) von E_2 nach V_6 sollen höchstens 15 Einheiten transportiert werden.

Man bestimme optimale Transportpläne und die zugehörigen Transportkosten z für folgende Fälle:

a) Es gelten keine Zusatzbedingungen,

b) es gelte Zusatzbedingung α),

c) es gelten die Zusatzbedingungen α) und β),

d) es gelten die Zusatzbedingungen α), β) und γ),

e) es gelten die Zusatzbedingungen α) und δ),

f) es gelten die Zusatzbedingungen α), δ) und ε).

6.4.5. Man löse die Aufgabe 6.1.15.

6.4.6. Vier Fabriken A_i ($i = 1, ..., 4$) beliefern drei Baustellen B_k ($k = 1, 2, 3$) mit Betonplatten. Die Anzahl der pro Tag von den Fabriken bereitgestellten bzw. von den Baustellen benötigten Lieferungen sowie die jeweiligen Transportkosten pro Lieferung sind dem Schema zu entnehmen:

A_i \ B_k	30	40	25
50	6	6	9
25	10	4	8
10	6	5	3
10	3	8	4

a) Man bestimme den kostenoptimalen Transportplan und die zugehörigen Transportkosten.

b) Aus Witterungsgründen muß die Montagearbeit auf der Baustelle B_3 für einige Tage eingeschränkt werden, deshalb verringert sich ihr Bedarf auf 15 Lieferungen. Außerdem kann sie von A_3 und A_4 aus nicht mehr beliefert werden. Eine Lagerung ist nur in A_1 und A_2 möglich. Lagerkosten treten dort nicht auf. Wie ist jetzt der Transport kostenoptimal durchzuführen?

6.4.7. Vier Auslieferungsstellen A_i ($i = 1, ..., 4$) beliefern vier Verkaufsstellen V_k ($k = 1, ..., 4$) mit einem Produkt. Der Vorrat der A_i, der Bedarf der V_k und die spezifischen Transportkosten sind in der Tabelle angegeben:

A_i \ V_k	50	25	35	20
55	6	10	3	11
25	7	6	5	5
15	2	8	9	6
35	10	9	4	11

a) Man bestimme den kostenoptimalen Transportplan und die zugehörigen Transportkosten.

b) Die Verkaufsstelle V_4 bleibt für eine gewisse Zeit geschlossen, ohne daß sich der Bedarf von V_1, V_2 und V_3 erhöht. Spezifische Lagerkosten treten in A_1 von 4, in A_4 von 3 GE auf, und in A_2 besteht nur eine Lagermöglichkeit von 5 Einheiten des Produkts. Wie lautet nunmehr ein kostenoptimaler Transportplan, wie die allgemeine Lösung?

6.4.8. Aus drei Steinbrüchen S_i ($i = 1, 2, 3$) ist Schotter auf 5 Baustellen B_k ($k = 1, \ldots, 5$) zu transportieren. Das Angebot der S_i (in t), der Bedarf der B_k (in t) und die spezifischen Transportkosten (in GE pro t) sind in der Tabelle angegeben:

S_i \ B_k	12	4	6	7	11
3	12	7	13	9	6
22	9	16	17	4	7
15	4	9	11	6	6

a) Man bestimme den kostenoptimalen Transportplan und die zugehörigen Transportkosten.

b) Durch Witterungseinfluß ist die Straße von S_3 nach B_3 unpassierbar geworden. Da die Baustelle B_3 die schnelle Reparatur übernehmen soll, erhöht sich ihr Bedarf um 2 Tonnen. Ihr nunmehriger Gesamtbedarf wird ihr voll zugesichert. Wie lautet jetzt der kostenoptimale Transportplan? Welche Baustelle kann demnach zunächst nicht mit vollständiger Belieferung rechnen?

6.4.9. Vier Erzeuger E_i ($i = 1, \ldots, 4$) beliefern vier Verbraucher V_k ($k = 1, \ldots, 4$) mit einem Produkt. Die Kapazität der E_i, der Bedarf der V_k und die spezifischen Transportkosten sind in der Tabelle angegeben:

E_i \ V_k	110	50	70	60
80	6	1	5	6
60	1	5	7	4
70	3	6	6	5
80	5	1	8	4

a) Man bestimme einen kostenoptimalen Transportplan und die zugehörigen Transportkosten.

b) Wie lautet die allgemeine Lösung des Problems?

c) Zum Transport werden Lastkraftwagen mit einem Fassungsvermögen von 100 Einheiten des Produkts eingesetzt, die jeweils nur einmal von einem Erzeuger E_i zu einem Verbraucher V_k fahren sollen.

α) Wie viele Lastkraftwagen werden zur Realisierung des Transportplans aus a) benötigt?

β) Man überlege sich einen Transportplan, der mit möglichst wenig Fahrzeugen auskommt. Wie groß wären allerdings dann die Transportkosten?

6.4.10. Bei einem Transportproblem mit drei Erzeugern E_i und vier Verbrauchern V_k (Daten s. Tabelle) entsteht bei einem Verbraucher ein schwankender Bedarf t. Man bestimme einen kostenoptimalen Transportplan und die zugehörigen Transportkosten in Abhängigkeit von t für $0 \leqq t \leqq 20$. Im Falle der Nichtabsättigung sollen keine Lagerkosten entstehen.

E_i \ V_k	10	10	10	t
20	2	3	6	1
20	2	1	5	3
20	1	5	2	3

6.5.   Ganzzahlige Optimierungsaufgaben

Gomory-Verfahren (Bd. 14, 3.4.)

6.5.1. Gegeben ist die Optimierungsaufgabe

$$z = 9x_1 - 13x_3 \overset{!}{=} \max;$$

$$x_1 - x_2 - x_3 \leqq 2,$$
$$2x_2 - x_3 \leqq 2,$$
$$x_1 + 2x_2 - 2x_3 \leqq 4,$$
$$2x_1 + x_2 - 2x_3 \leqq 7, \quad x_i \geqq 0, \text{ ganzzahlig, } i = 1, 2, 3.$$

a) Man löse die Aufgabe zunächst ohne Berücksichtigung der Ganzzahligkeitsforderung und runde die erhaltenen Ergebnisse vorschriftsmäßig auf ganze Zahlen. Was ist zu der so gewonnenen „Lösung" zu sagen?

b) Man löse die Aufgabe mit dem Gomory-Verfahren.

6.5.2. Man löse die folgenden Optimierungsaufgaben mit dem Gomory-Verfahren:

a) $z = 6x_1 - 5x_2 \overset{!}{=} \max;$

$$3x_1 - x_2 \leqq 10,$$
$$3x_1 - 2x_2 \leqq 8,$$
$$x_i \geqq 0, \text{ ganzzahlig, } i = 1, 2,$$

b) $z = 3x_1 + 2x_2 - 2x_3 \overset{!}{=} \max;$

$$4x_2 - x_3 \leqq 15,$$
$$x_1 + x_2 - x_3 \leqq 8,$$
$$4x_1 + 2x_2 + x_3 \leqq 25,$$
$$x_i \geqq 0, \text{ ganzzahlig, } i = 1, 2, 3.$$

6.5.3. Man löse mit dem Gomory-Verfahren und gebe ggf. alle Lösungen an:

a) Aufgabe 6.1.9.b),   b) Aufgabe 6.1.11.c).

6.5.4. a) Man löse die Aufgaben 6.1.12.a), b). b) Die Forderung der Aufgabenstellung 6.1.12.b) werde wie folgt abgeändert: Es sollen **genau** 10 Bleche der ersten Größe und **genau** 20 Bleche der zweiten Größe hergestellt werden. Wie lautet nunmehr die Lösung?

Ausgewählte Lösungen und Lösungshinweise

1.1.1: b) $\lambda = 2$, $\mu = -3$.

1.1.2: Nur $A + F$, $B + D$, $B + G$, $C + H$, $D + G$ definiert.

1.1.3: a) $X = A + B + E$. b) $X = \begin{bmatrix} 5 & -1 \\ 0 & 3 \end{bmatrix}$.

1.1.4: $AB = \begin{bmatrix} 0 & 0 \\ 0 & 0 \end{bmatrix}$ (A, B sind Nullteiler).

1.1.5: a) $AB = \begin{bmatrix} 13 + 7i & 15 - i \\ 6 & 8 + 2i \end{bmatrix}$, $Ab = \begin{bmatrix} 2 + 2i \\ 4 \end{bmatrix}$, bA nicht def.;

$A* = \begin{bmatrix} 2 - i & 1 + i \\ 1 & 1 - i \end{bmatrix}$, $B* = \begin{bmatrix} 5 & 3 - 2i \\ 3 + 2i & 7 \end{bmatrix}$, $b* = [1 - i, \; 1 + i]$.

b) Nein. c) $x = \frac{1}{4}[3 + i, \; -1 - i]^\mathsf{T}$. d) A nein, B ja. e) A nein, B nein.

1.1.6: a) $A + B = \begin{bmatrix} 5 & 0 & 4 \\ 6 & -1 & 4 \end{bmatrix}$, $A + C$ nicht definiert,

$AC = \begin{bmatrix} 10 & 6 \\ 21 & 18 \end{bmatrix}$, $BC = \begin{bmatrix} 16 & 11 \\ 4 & 1 \end{bmatrix}$,

$(A + B)C = \begin{bmatrix} 26 & 17 \\ 25 & 19 \end{bmatrix}$.

1.1.7: a) $-x_1 + 4x_2$; $3x_1^2 + 2x_1x_2 + 2x_2^2$; $\begin{bmatrix} -x_1 & -x_2 \\ 4x_1 & 4x_2 \end{bmatrix}$; $x_1^2 + x_2^2$.

b) Gerade, Kurve 2. Ordnung (zweimal), Kreis.

c) Ebene, Fläche 2. Ordnung (zweimal), Kugel.

1.1.8: a) 1. und 3. und 7. Ausdruck: nicht definiert.

b) $y^\mathsf{T}Ax = x^\mathsf{T}A^\mathsf{T}y = (Ax)^\mathsf{T}y = x^\mathsf{T}(y^\mathsf{T}A)^\mathsf{T} = 5$.

1.1.9: a) $(A + B)C = \begin{bmatrix} 5 & -8 \\ 51 & 8 \\ 8 & 1 \end{bmatrix}$.

1.1.10: $AB = \begin{bmatrix} 8 & -22 & 8 \\ 27 & 6 & 1 \\ 21 & 20 & -4 \\ 7 & 5 & -6 \end{bmatrix}$.

1.1.11: $CA = \begin{bmatrix} a_{21} & a_{22} & a_{23} \\ a_{31} & a_{32} & a_{33} \\ a_{11} & a_{12} & a_{13} \end{bmatrix}$, $AC = \begin{bmatrix} a_{13} & a_{11} & a_{12} \\ a_{23} & a_{21} & a_{22} \\ a_{33} & a_{31} & a_{32} \end{bmatrix}$.

1.1.14: Hinweis: Man setze $a_i = [a_{1i}, \ldots, a_{ni}]^\mathsf{T}$ und berechne die linke und rechte Seite der zu beweisenden Gleichung.

1.1.15: Hinweis: Zwei Matrizen sind gleich, wenn sie im Typ und in allen entsprechenden Elementen übereinstimmen.

Fallunterscheidung für die Elemente c_{ik} von $C = AB$:
1.) $i = 1, ..., l;$ $k = 1, ..., l.$ 2.) $i = 1, ..., l;$ $k = l + 1, ..., m;$ usw.

1.1.17:   Hinweis zu b): Man betrachte die Blockmatrix

$$A = \begin{bmatrix} P & O \\ O & S \end{bmatrix} \quad \text{mit} \quad P = \begin{bmatrix} 3 & 0 & 0 \\ 0 & -1 & 0 \\ 0 & 0 & 4 \end{bmatrix} \quad \text{und} \quad S = \begin{bmatrix} 1 & 2 \\ -1 & 3 \end{bmatrix}.$$

1.1.18:   Hinweis: Beim Beweis der Richtung „$\Rightarrow$" verwende man für x Spaltenvektoren, die einmal oder zweimal die Zahl 1 enthalten und sonst lauter Nullen.

1.2.1:   a) $A_{21} = -3, A_{22} = 2, A_{23} = -10.$ b) $\det A = -33.$

1.2.2:   d) $39.$ e) $(\lambda - 1)(\lambda^2 - 2\lambda + 5).$ f) $1 - x + 3y.$

1.2.3:   a) $5.$ b) $-36.$ c) $70.$ d) $0.$ e) $0.$

1.2.4:   a) $x_1 = 0,$ $x_2 = 1,$ $x_3 = 7.$

b) $x_1 = 1,$ $x_2 = 1 + 2i,$ $x_3 = 1 - 2i.$

1.2.5:   Hinweis: Man entwickle nach der 1. Zeile!

1.2.6:   Hinweis zu a): Man entwickle nach der 1. Zeile!

1.2.8:   Hinweis: Man berechne BC und vergleiche mit A.

1.2.9:   a) $x_1 = -1,$ $x_2 = -7.$ b) $x = 2.$

c) $x_1 = 0,$ $x_2 = -2.$ d) $x_1 = 0,$ $x_2 = i,$ $x_3 = -i.$

1.2.11:   Hinweis: Man wähle $A = \begin{bmatrix} E & \frac{1}{2}G \\ O & H \end{bmatrix}$. Wie muß dann B gewählt werden, damit $AB = M$

gilt?

1.2.13:   Hinweis: $a^{\mathsf{T}}(a \times b) = a_1 \begin{vmatrix} a_2 & b_2 \\ a_3 & b_3 \end{vmatrix} + a_2 \begin{vmatrix} a_3 & b_3 \\ a_1 & b_1 \end{vmatrix} + a_3 \begin{vmatrix} a_1 & b_1 \\ a_2 & b_2 \end{vmatrix} = \begin{vmatrix} a_1 & a_2 & a_3 \\ a_1 & a_2 & a_3 \\ b_1 & b_2 & b_3 \end{vmatrix}.$

1.3.1: A^{-1} existiert bei a), c), d) und f). (Vor.: $ad - bc \neq 0$)
A^{-1} existiert nicht bei b) und e).

1.3.2:   a) $\dfrac{1}{11}\begin{bmatrix} -1 & 3 & -3 \\ -4 & 1 & 10 \\ 4 & -1 & 1 \end{bmatrix}.$ c) $-\dfrac{1}{2}\begin{bmatrix} -2 & 3 & 16 \\ 0 & -1 & -4 \\ 0 & 0 & 2 \end{bmatrix}.$

d) $\dfrac{1}{17}\begin{bmatrix} 9 & -4 \\ 2 & 1 \end{bmatrix}.$ f) $\dfrac{1}{ad - bc}\begin{bmatrix} d & -b \\ -c & a \end{bmatrix}.$

1.3.3:   a) $\dfrac{1}{6}\begin{bmatrix} 18 & -3 & -20 & -11 \\ -24 & 6 & 26 & 14 \\ 0 & 0 & 2 & 2 \\ 6 & 0 & -8 & -2 \end{bmatrix}.$ b) $\dfrac{1}{4}\begin{bmatrix} -4 & 0 & 8 & 0 \\ 0 & -2 & 0 & 2 \\ 8 & 0 & -12 & 0 \\ 0 & 3 & 0 & -1 \end{bmatrix}.$

c) $\begin{bmatrix} -4 & 4 & 1 \\ 1 & -2 & -1 \\ 1 & 1 & 1 \end{bmatrix}.$ d) $-\dfrac{1}{8}\begin{bmatrix} -4 & 0 & 0 \\ 8 & 4 & 10 \\ 0 & 4 & 6 \end{bmatrix}.$ f) $\begin{bmatrix} 1 & -4 & 9 \\ 0 & 1 & -2 \\ 0 & 0 & 1 \end{bmatrix}.$

e)   Existiert nicht.

1.3.4.: Hinweise: a) $X = A^{-1}B$.   b) Keine Lösung.

1.3.5: a) $\dfrac{1}{2}\begin{bmatrix} 4 & -2 & -2 & 2 \\ 0 & 1 & 2 & -1 \\ 10 & -8 & -6 & 4 \\ 4 & -3 & -2 & 1 \end{bmatrix}$.   b) $x = \begin{bmatrix} 1 \\ 1 \\ -2 \\ -1 \end{bmatrix}$.   c) $X = \begin{bmatrix} -1 & 7 \\ 2 & -2 \\ -9 & 17 \\ -4 & 6 \end{bmatrix}$.

1.3.8: Hinweis: vgl. Formel in Aufg. 1.3.2.

1.3.9: Zusatzfrage: Gleichung hat unendlich viele Lösungen, z. B. $X = \begin{bmatrix} 1 & 1 \\ 0 & 0 \end{bmatrix}$.

1.3.10: a) $X = A(A + 2E)^{-1}$.   b) $X = \left(C\left(\dfrac{1}{2}D - 2E\right)^{-1} B^{-1} \right)^{\mathsf{T}}$.

1.3.12: Hinweis: Man schreibe A und die gesuchte Matrix A^{-1} als Blockmatrizen!

$$A = \begin{bmatrix} C & O \\ D & E \end{bmatrix}, \qquad A^{-1} = \begin{bmatrix} F & O \\ G & H \end{bmatrix}.$$

1.4.1: a), d), f) orthogonal;   b), c), e) nicht orthogonal.

1.4.3: Hinweis: Rechenregeln für Matrizen benutzen!

1.4.4: b) $B = \begin{bmatrix} 1 & 3 & 6 & 2 \\ 3 & 6 & 3 & 1 \\ 6 & 3 & 3 & 1 \\ 2 & 1 & 1 & 2 \end{bmatrix}$, $C = A - B$.

1.4.9: Hinweis zu a): Man setze $X = \begin{bmatrix} a & b \\ b & c \end{bmatrix}$ und bestimme a, b, c aus der Gleichung $X^2 = E$; dabei ist eine Fallunterscheidung erforderlich.

2.1.1: a) $a: \begin{bmatrix} 3 \\ 2 \\ 0 \end{bmatrix}$, $b: \begin{bmatrix} -2 \\ 4 \\ 0 \end{bmatrix}$, $c: \begin{bmatrix} 1 \\ 0 \\ -3 \end{bmatrix}$; $a^\circ: \dfrac{1}{\sqrt{13}}\begin{bmatrix} 3 \\ 2 \\ 0 \end{bmatrix}$.

b) $|a| = \sqrt{13}$, $|b| = \sqrt{20}$, $|c| = \sqrt{10}$, $|a^\circ| = 1$.

2.1.2: a) $\overrightarrow{AB}: \begin{bmatrix} 4 \\ 1 \end{bmatrix}$, $\overrightarrow{BC}: \begin{bmatrix} 0 \\ 3 \end{bmatrix}$; $|\overrightarrow{AB}| = \sqrt{17}$, $|\overrightarrow{BC}| = 3$.

b) $\alpha = \gamma = 75{,}96^\circ$; $\beta = \delta = 104{,}04^\circ$.

2.1.3: $u: \begin{bmatrix} -6{,}12 \\ 2{,}53 \end{bmatrix}$, $v: \begin{bmatrix} 5 \\ 7 \end{bmatrix}$, $w: \begin{bmatrix} 23 \\ -92 \end{bmatrix}$.

2.1.4: a) $a_b : \dfrac{7}{10}\begin{bmatrix} 3 \\ 1 \end{bmatrix}$.   b) $a_b : -\dfrac{7}{10}\begin{bmatrix} 3 \\ 1 \end{bmatrix}$.

c) $a_b : \dfrac{4}{9}\begin{bmatrix} 5 \\ -1 \\ 1 \end{bmatrix}$.   d) $a_b = \alpha_1 e_1$.   e) $a_b = o$.

2.1.6: $t = \dfrac{1}{2}\overrightarrow{AB} - \overrightarrow{AC}$, $u = \overrightarrow{AB}{}^\circ + \overrightarrow{AC}{}^\circ$, $v = \overrightarrow{BA} - \overrightarrow{BA}_{\overrightarrow{BC}}$.

$$\text{Zahlenbeispiel: } t:\begin{bmatrix} 2 \\ -3 \\ -13 \end{bmatrix}, \qquad u:\begin{bmatrix} 1,08 \\ -0,09 \\ 1,21 \end{bmatrix}, \qquad v:\begin{bmatrix} -172 \\ 33 \\ -97 \end{bmatrix}, \qquad w:\begin{bmatrix} 194 \\ -61 \\ -19 \end{bmatrix}.$$

2.1.7: $\cos(e_1; a) = \dfrac{2}{7}$; $\cos(e_2; a) = \dfrac{3}{7}$; $\cos(e_3; a) = \dfrac{6}{7}$;

$\sphericalangle(e_1; a) = 73,4°$; $\sphericalangle(e_2; a) = 64,6°$; $\sphericalangle(e_3; a) = 31,0°$.

2.1.8: $\sphericalangle(e_3, a) = 144,52°$, $a:4\begin{bmatrix} 0,64 \\ 0,50 \\ -0,8 \end{bmatrix}$.

2.1.9: $a:\begin{bmatrix} 5 \\ 4,47 \\ 2 \end{bmatrix}$ bzw. $a:\begin{bmatrix} 5 \\ -4,47 \\ 2 \end{bmatrix}$ (zwei Lösungen);

$\sphericalangle(e_1, a) = 44,4°$; $\sphericalangle(e_2, a) = 50,3°$ (bzw. $129,7°$); $\sphericalangle(e_3, a) = 73,4°$.

2.1.11: a) $135°$.   b) $90°$.   c) $109,5°$.

2.1.12: a) $|a| = \sqrt{6}$, $|b| = \sqrt{2}$, $|c| = \sqrt{2}$.

b) $ab = 2$, $bc = 0$, $ac = 0$.

c) $a \times c:\begin{bmatrix} 2 \\ 2 \\ 2 \end{bmatrix}$, $b \times c:\begin{bmatrix} 0 \\ 2 \\ 0 \end{bmatrix}$, $(a \times b)c = -4$.   d) $\begin{bmatrix} 0 \\ 0 \\ 4 \end{bmatrix}$, 4.

e) $a \times (b \times c):\begin{bmatrix} -2 \\ 0 \\ 2 \end{bmatrix}$, $(a \times b) \times c:\begin{bmatrix} 0 \\ 0 \\ 0 \end{bmatrix}$.   f) $[a, b, c] = -4$.

2.1.14: $n:\begin{bmatrix} 0,38 \\ 0,23 \\ -0,90 \end{bmatrix}$ bzw. $n:\begin{bmatrix} 0,38 \\ 0,90 \\ -0,23 \end{bmatrix}$.

2.1.15: $\alpha_2 = \dfrac{5}{2}$, $\alpha_3 = -\dfrac{9}{2}$.

2.1.17: a) xy bilden!   b) $|x|^2 = x^2 = 7$, $|y|^2 = 21$, $|y - x|^2 = 28$.

c) $\cos\alpha = \cos\sphericalangle(-x, y - x) = \dfrac{1}{2}$, $\alpha = 60°$.

2.1.19: a) $a:\begin{bmatrix} 9 \\ 12 \\ 0 \end{bmatrix}$, $b:\begin{bmatrix} 4 \\ 6 \\ 6,9 \end{bmatrix}$ bzw. $\begin{bmatrix} 4 \\ 6 \\ -6,9 \end{bmatrix}$.

b) $53,1°$; $36,9°$; $90°$ (Richtungswinkel von a), $66,4°$; $53,1°$; $46,1°$ bzw. $133,8°$ (Richtungswinkel von b).

c) 108.   d) $43,9°$.   e) $4,34$; $6,51$; $\pm 7,48$.

2.1.20: Hinweis: Entwicklungssatz für das Vektorprodukt verwenden!

2.1.21: b muß parallel $a \times c$ sein. (Hinweis: Entwicklungssatz für das Vektorprodukt verwenden!)

2.1.22: Hinweis: Man führe zwei Vektoren ein, die vom Scheitelpunkt des Winkels zu den Endpunkten des Durchmessers führen.

2.1.25: Hinweis: Man gehe von der Definition des Skalarprodukts aus.

2.1.26: 62,93.

2.1.27: Hinweis: $\cos(\alpha - \beta) = \cos \sphericalangle(a^\circ, b^\circ)$.

2.1.28: Hinweis: Man führe die Vektoren $r = \overrightarrow{AB}$, $s = \overrightarrow{BC}$, $t = \overrightarrow{CD}$ und $u = \overrightarrow{DA}$ ein! Wie lassen sich dann die Diagonalvektoren beschreiben?

2.1.29: a) $a' = \begin{bmatrix} \dfrac{5}{6} \\ -\dfrac{1}{2} \end{bmatrix}$, $\quad b' = \begin{bmatrix} \dfrac{1}{3} \\ 1 \end{bmatrix}$, $\quad c' = \begin{bmatrix} -\dfrac{1}{3} \\ 0 \end{bmatrix}$, $\quad d' = \begin{bmatrix} \dfrac{11}{6} \\ \dfrac{3}{2} \end{bmatrix}$.

b) $-\dfrac{2}{9}$, $-\dfrac{5}{18}$, $\dfrac{17}{18}$.

2.1.30: Man zeige zunächst $[w_1, w_2, w_3$ Koordinaten von w bez. $K]$

$\Leftrightarrow \left[\dfrac{1}{3} w_1, \dfrac{1}{2} w_2, -w_3 \text{ Koordinaten von } w \text{ bez. } K'\right]$.

2.2.1: b) $e_1 = \dfrac{1}{18}(2v_1 + 2v_2 - v_3)$, $e_2 = \dfrac{1}{18}(2v_1 - v_2 + 2v_3)$,

$e_3 = \dfrac{1}{18}(-v_1 + 2v_2 + 2v_3)$.

2.2.2: b), d): Lin. unabhängig.   a), c): Lin. abhängig.

2.2.3: $p = -14a + 25b + 22c$.

2.2.4: $\det[a, b, c] = -2 \neq 0$, $\quad v = 2a + b + 0 \cdot c$.

2.2.5: a) $\lambda_1(a + 2b) + \lambda_2(b - a) + \lambda_3 c = o \Rightarrow (\lambda_1, \lambda_2, \lambda_3) = (0, 0, 0)$.

b) Für $(\lambda_1, \lambda_2, \lambda_3) = (1, -1, 1) \neq (0, 0, 0)$ gilt

$\lambda_1(a - b) + \lambda_2(a - c) + \lambda_3(b - c) = o$.

c) Lin. unabhängig.   d), e), f): Lin. abhängig.

2.2.6: Hinweis: Man multipliziere die Gleichung $c = \lambda a + \mu b$ mit a und b (Skalarprodukt).

2.2.7: Hinweis: Man unterscheide die Fälle $a = o$ und $a \neq o$.

2.2.8: $\xi = -\dfrac{11}{2}$.

2.2.9: a) Lin. unabhängig.   b) Lin. abhängig.

2.2.10: Angaben sind mit der Voraussetzung verträglich (bei a)), nicht verträglich (bei b)). Bei b) gilt: $b \parallel c$.

2.2.11: $\alpha_2 = -\dfrac{27}{5}$.

3.1.1: a) $x = 0$.   b) Kein x erfüllt die Gleichung.   c) x beliebig.

3.1.2: a) $a \neq 0$, b beliebig.   b) $a = 0$, $b \neq 0$.   c) $a = 0$, $b = 0$.

3.1.3: Zu α) d), e), i);   zu β)   e) $x = t(3, 1, -2)^T$,   i) $x = t(1, 1, 1)^T$, t jeweils beliebig, aber $t \neq 0$;   zu γ)   a) $x = 1{,}5$, $y = 0{,}5$;   f) $x = \dfrac{4}{3}y + \dfrac{7}{3}$, y bel., reell;

g) keine Lösung;   zu δ)   b) $x = y + 1$, y bel., reell;

c) keine Lösung;   h) $x = \dfrac{1}{10}(9, 11, -7)^\mathsf{T}$;   zu ε) $D = 0$, nur für homogene Systeme.

3.1.4: $x = (3, -2)^\mathsf{T}$.

3.1.5:   a) $\lambda_1 = 0$, $\lambda_2 = -6$, $\lambda_3 = 4$.   b) $x = t(1, 0, 1)^\mathsf{T}$, t bel., reell.

3.2.1:   a) $x = t(-8, 7, 5)^\mathsf{T}$.   b) $x = t(1, 3, -5)^\mathsf{T}$.   c) Keine nichttriviale Lösung.
d) $x = t(1, 3, 2, -1)^\mathsf{T}$.   e) $x = t(-1, 0, 3, 1)^\mathsf{T}$.
f) $x_1 = -2u - 3v$, $x_2 = 3u - v$, $x_3 = -0{,}5u - 2v$, $x_4 = u$, $x_5 = v$.
(Alle Parameter t, u, v beliebig, reell.)

3.2.2:   a) $\lambda = 0$; $x = t(-2, 1, 1)^\mathsf{T}$.   b) $\lambda_1 = 6$; $x_1 = 2u$, $x_2 = u$, $x_3 = v$
sowie $\lambda_2 = -8$; $x_1 = -4t$, $x_2 = 5t$, $x_3 = -2t$.

c) $\lambda_1 = 0$, $\lambda_2 = 1$, $\lambda_3 = 2$; $x_1 = \dfrac{t}{2}(0, 6, -3, 5)^\mathsf{T}$, $x_2 = \dfrac{t}{5}(3, 6, -3, 5)^\mathsf{T}$,

$x_3 = t(2, 3, -1, 1)^\mathsf{T}$.   (Alle Parameter t, u, v beliebig, reell, $t \neq 0$.)

3.2.3:   a) $x = (-2, 1, 1)^\mathsf{T}$.   b) Folgt aus 3.2.2.c) mit $t = 1$.

3.2.4:   a) $x = (2, 3, -5)^\mathsf{T}$.   b) Cramersche Regel nicht anwendbar.

c) $x = \dfrac{-1}{57}(-33, 2, 17)^\mathsf{T}$.   d) $x = (2, -1, -2)^\mathsf{T}$.

3.2.5:   a) $x(t) = t$, $y(t) = -t^2$, $z(t) = \sqrt{t}$.   b) $x = y = z = 0$;
für $t = 0$ gilt: $(x, y, z)^\mathsf{T} = \lambda(0, -1, 1)^\mathsf{T}$, λ beliebig, reell.

3.2.6:   a) $x = (1, 0, -2)^\mathsf{T}$.   b) $x = t(1, 2, 1)^\mathsf{T} + (2, -1, 0)^\mathsf{T}$.   c) $x = (8, 21, -2, 3)^\mathsf{T}$.
d) $x = (-1, 3, 0, 2)^\mathsf{T}$.   e) $x = t(-2, 1, 0, 0)^\mathsf{T} + (5, 0, -3, 0)^\mathsf{T}$.
f) $x_1 = 15 - 11t$, $x_2 = 1 + t$, $x_3 = -5 + 5t$, $x_4 = t$.
g) $x = u(2, -3, 0, 0)^\mathsf{T} + v(0, -21, 2, 4)^\mathsf{T} + (0, 12, 0, -4)^\mathsf{T}$.
h) $x = (2, -2, 3, 3, 1)^\mathsf{T}$.   i) $x = t(-3, -1, 1, 1, 1)^\mathsf{T} + (-8, -1, 3, 4, 0)^\mathsf{T}$.

j) $x = (2, 5, 1)^\mathsf{T}$.   k) $x = t(-9, -17, 5)^\mathsf{T} + \dfrac{1}{5}(4, 7, 0)^\mathsf{T}$.

l) Keine Lösung.   m) $x = t(2, -1, 1, 0)^\mathsf{T} + (2, 1, 0, -2)^\mathsf{T}$.
n) $x = u(-22, 1, 0, -13)^\mathsf{T} + v(17, 0, 1, 10)^\mathsf{T} + (2, 0, 0, 1)^\mathsf{T}$.

o) $x = t(1, 10, 0, -7, 0)^\mathsf{T} + u(-11, 0, 10, 7, 0)^\mathsf{T} + v(-14, 0, 0, 8, 10)^\mathsf{T} + \dfrac{1}{10}(7, 0, 0, 1, 0)^\mathsf{T}$.

p) $x = t(3, 2, 1, 1, 0)^\mathsf{T} + \dfrac{1}{3}(5, 8, -3, 0, 0)^\mathsf{T}$.

q) $x = u(-3, 2, 1, 0, 0)^\mathsf{T} + v(-2, -1, 0, 3, 1)^\mathsf{T} + (4, -1, 0, 1, 0)^\mathsf{T}$.
r) Keine Lösung.

3.2.7:   Wegen $x_1 + x_2 + x_3 + x_4 = 11 - 4t$,   also $t = 2{,}5$,   gilt: $x_1 = -12{,}5$, $x_2 = 3{,}5$, $x_3 = 7{,}5$,
$x_4 = 2{,}5$.

3.2.8:   a) $x = t(-18, 4, 11, 12, 0)^\mathsf{T} + u(30, -14, -13, 0, 6)^\mathsf{T} + (1, 2, -3, 0, 0)^\mathsf{T}$.

b) Keine Lösung.   c) $x = \dfrac{1}{24}(13, 7)^{\mathsf{T}}$.   d) Keine Lösung.

e) $x = t(21, -18, 2)^{\mathsf{T}} + \left(-\dfrac{17}{2}, 6, 0\right)^{\mathsf{T}}$.

f) $x = u(0, -1, 1, 1, 0)^{\mathsf{T}} + v(2, -1, 0, 0, 1)^{\mathsf{T}} + (1, 2, 2, 0, 0)^{\mathsf{T}}$.
Alle Parameter beliebig, reell.

3.2.9: $x_1 = 3\alpha - 2\beta$, $x_2 = -3\alpha - \beta$, $x_3 = 5\alpha + 4\beta$.

3.2.10:   Keine eindeutige Lösung: $\lambda_1 = 1$ für a), $\lambda_1 = \lambda_2 = 1$ für b).
Keine Lösung: $\lambda_2 = 2$, $\lambda_3 = -3$ für a), $\lambda_3 = 0$ für b).

3.2.11: $\lambda \neq 1$, $\lambda \neq 2$, $\lambda \neq 3$.

3.2.12:   a) $\lambda \neq 3$, $\lambda \neq -1{,}5$.   b) $\lambda = 3$.   c) $\lambda = -1{,}5$.   d) $x_1 = -\dfrac{7}{10}$, $x_2 = 1$, $x_3 = \dfrac{2}{5}$.

e) $x = t(1, -4, 2)^{\mathsf{T}} + (0, -1, 1)^{\mathsf{T}}$. t beliebig, reell.

3.2.13:   a) $\alpha)\; a \neq -1, b$ bel.; $\beta)\; a = -1,\; b \neq 2$; $\gamma)\; a = -1,\; b = 2$.
b) $x = (3, -1, -3)^{\mathsf{T}}$.   c) $x = t(-1, 1, 1)^{\mathsf{T}} + (0, 2, 0)^{\mathsf{T}}$.

3.2.14:   (1) ist linear abhängig. Deshalb erhält man für (2) unendlich viele Lösungen, auch die genannte.

3.2.15: $x_1 = 10$, $x_2 = 15$, $x_3 = 20$.

3.2.16:   Ganzzahlige Lösungen: $x_1 = (1, 8, 21)^{\mathsf{T}}$, $x_2 = (2, 6, 22)^{\mathsf{T}}$, $x_3 = (3, 4, 23)^{\mathsf{T}}$,
$x_4 = (4, 2, 24)^{\mathsf{T}}$.

3.2.17:   (1, 15, 7) und (4, 7, 12).

3.2.18:   a) $\begin{aligned} x_1 &= -35y_1 + 12y_2 - 14y_3 \\ x_2 &= 15y_1 - 5y_2 + 6y_3 \\ x_3 &= -18y_1 + 6y_2 - 7y_3. \end{aligned}$ b) $\begin{aligned} x_1 &= 7y_1 + 8y_2 - 10y_3 \\ x_2 &= -5y_1 - 6y_2 + 8y_3 \\ x_3 &= -\tfrac{9}{2}y_1 - 5y_2 + 7y_3. \end{aligned}$

3.2.19: $x_1 = 9$, $x_2 = 16$, $x_3 = -2$, $x_4 = -5$.

3.2.20: $x = u(1, 2, 0, 0)^{\mathsf{T}} + v(0, 1, 0, 1)^{\mathsf{T}} + (0, 5, -1, 0)^{\mathsf{T}}$, u, v beliebig reell
(Lösung des inhomogenen Systems).

3.2.21:   a) System nicht lösbar. b) Lösung der Gleichungen (2), (3) und (4): $x_1 = x_2 = x_3 = 1$. Also ist die Eins der ersten Gleichung durch eine Drei zu ersetzen.

3.2.22:   Die unbekannten Koeffizienten a_{ik} und b_j ermittelt man aus den Gleichungen $Ax_1 = o$, $Ax_2 = o$, und $Ax_0 = b$.
Eine Lösung ist zum Beispiel: $\begin{aligned} 2x_1 - 6x_2 - x_3 &= 2 \\ 2x_1 - 4x_2 - x_3 - x_4 &= -2. \end{aligned}$

3.2.23:   a) $r = 2, r_e = 3$. Nicht lösbar.
b) $r = 2(= r_e)$. Neben der trivialen Lösung existieren weitere Lösungen, für die eine Unbekannte (z. B. x_3) beliebig wählbar ist.
c) $r = r_e = 2$. Lösbar, zwei Unbekannte beliebig wählbar.
d) $r = r_e = 4$. Eindeutig lösbar.
e) $r = 2, r_e = 3$. Nicht lösbar. f) $r = r_e = 4$. Eindeutig lösbar.

3.3.1:   Lösungen zu a), b) und c) vgl. Bilder 3.1, 3.2 und 3.3. Zu d): Die Lösungsmenge ist leer.

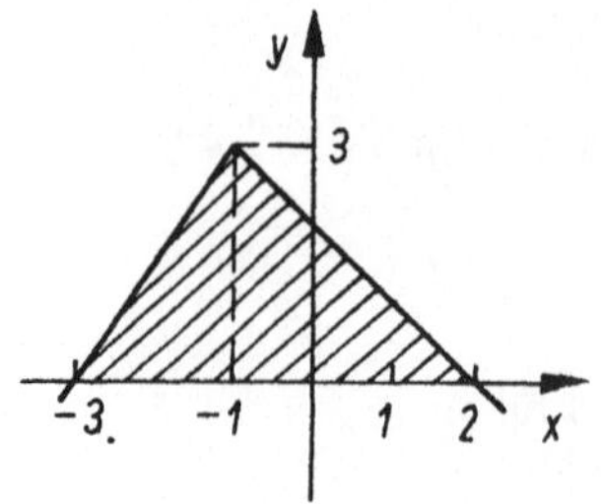

Bild 3.1

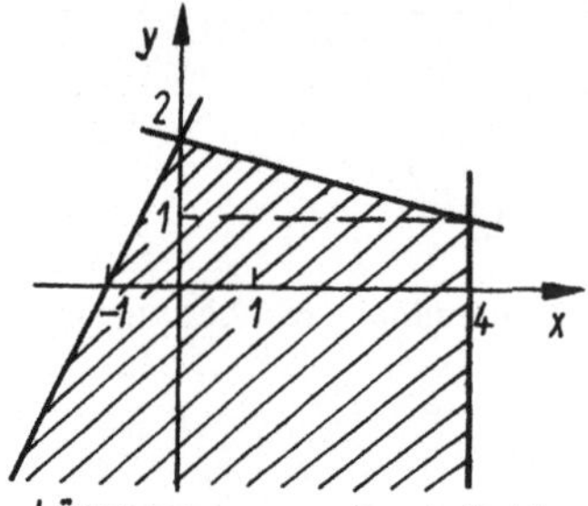

Bild 3.2

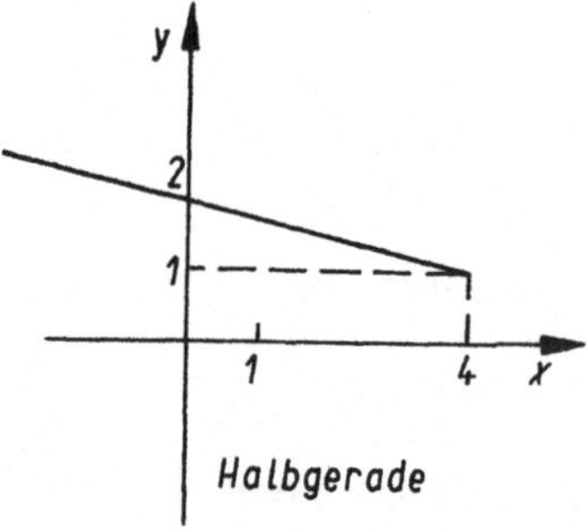

Bild 3.3

3.3.2:   Lösungen zu a), b), c) und d) vgl. Bilder 3.4, 3.5, 3.6 und 3.7.

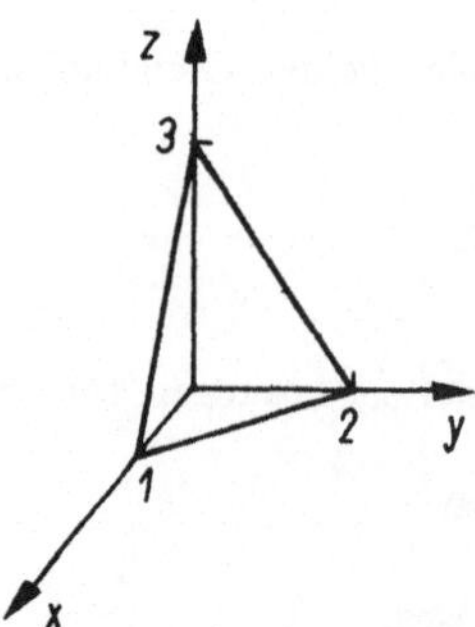

Bild 3.4

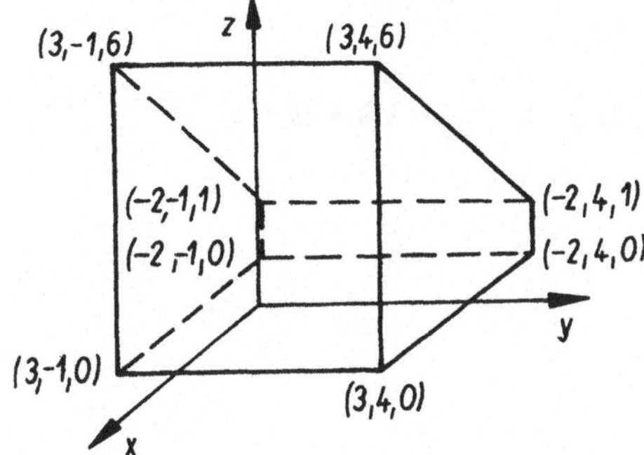

Bild 3.5

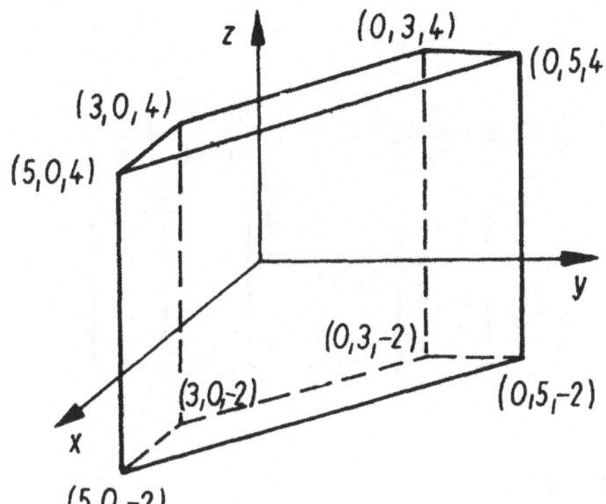

Bild 3.6

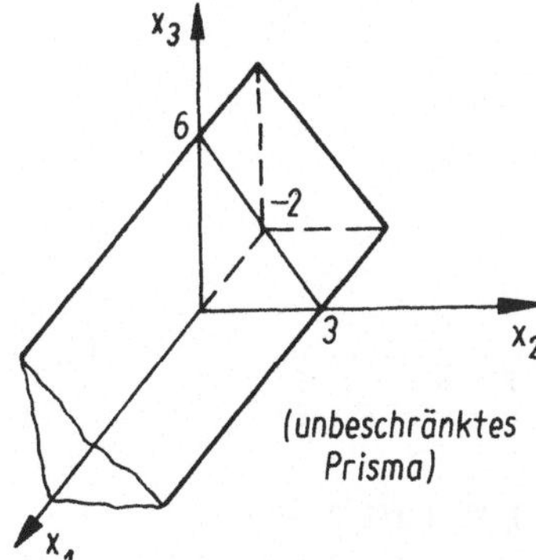

Bild 3.7

3.3.3:　　c) Strecke $\overline{P_1P_2}$ mit $P_1\left(\dfrac{3}{2},\dfrac{3}{2},\dfrac{3}{4}\right)$, $\quad P_2\left(\dfrac{5}{2},\dfrac{5}{2},\dfrac{5}{4}\right)$.

　　　　d) Strecke $\overline{P_1P_2}$ mit $P_1(0,0,0)$, $\quad P_2\left(\dfrac{12}{5},\dfrac{12}{5},\dfrac{6}{5}\right)$.

3.3.4:　　Vor.: $A\overset{1}{x} \leqq b$, $A\overset{2}{x} \leqq b$.

Beh.: $A\left(\overset{1}{x} + \lambda(\overset{2}{x} - \overset{1}{x})\right) \leqq b$
für alle λ mit $0 \leqq \lambda \leqq 1$.

Bew.: $A\left(\overset{1}{x} + \lambda(\overset{2}{x} - \overset{1}{x})\right) = (1 - \lambda)A\overset{1}{x} + \lambda A\overset{2}{x} \leqq (1 - \lambda)b + \lambda b = b$
(wegen $1 - \lambda \geqq 0$ und $\lambda \geqq 0$).

3.3.5:   Vgl. Bild 3.8.

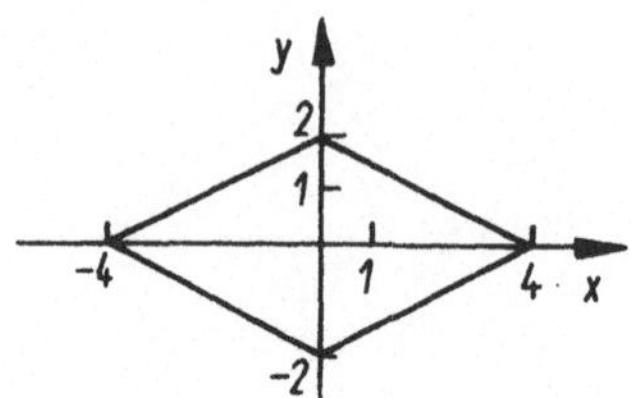

Bild 3.8

3.3.6:   a) $t = \dfrac{41}{43}$, $S\left(\dfrac{10}{43}, \dfrac{10}{43}, \dfrac{84}{43}\right)$.   b) $t = \dfrac{7}{6}$, $S\left(-\dfrac{5}{6}, -\dfrac{5}{6}, \dfrac{13}{6}\right)$.

3.4.1:   e) $\begin{bmatrix} -14 \\ 13 \\ 6 \end{bmatrix} = 2 \begin{bmatrix} -1 \\ 2 \\ 3 \end{bmatrix} - 3 \begin{bmatrix} 4 \\ -3 \\ 0 \end{bmatrix}$.   h) $\begin{bmatrix} 16 \\ -8 \\ -18 \\ -18 \end{bmatrix} = 2 \begin{bmatrix} 4 \\ -2 \\ 1 \\ 3 \end{bmatrix} - 4 \begin{bmatrix} -2 \\ 1 \\ 5 \\ 6 \end{bmatrix}$.

3.4.2:   a) $d = 3$. b) $d = 2$. c) $d = 3$.

3.4.3:   a) 3. b) 2. c) 2. d) 3. e) 4. f) 4.

3.4.4:   b) $e_1 = \dfrac{9}{123}\,v_1 + \dfrac{22}{123}\,v_2 - \dfrac{23}{123}\,v_3 + \dfrac{24}{123}\,v_4$.

4.1.1:   1. $r = t(1,0)^{\mathsf{T}}$, $y = 0$; 2. $r = t(0,1)^{\mathsf{T}}$, $x = 0$;

        3. $r = t(5,2)^{\mathsf{T}}$, $2x = 5y$; 4. und 5. $y = \sqrt{3}\,x$;

        6. $r = (-1,9)^{\mathsf{T}} + t(1,-2)^{\mathsf{T}}$, $2x + y = 7$;

        7. $r = (2,-3)^{\mathsf{T}} + t(2,3)^{\mathsf{T}}$, $3x - 2y = 12$;

        8. $r = (0,12)^{\mathsf{T}} + t(1,3)^{\mathsf{T}}$, $-3x + y = 12$;

        9. $r = t(-2,1)^{\mathsf{T}}$, $x + 2y = 0$; 10. $2x - y = 5$.

4.1.2:   1. $r = t(1, 0, 0)^{\mathsf{T}}$; 2. $r = t(0, 0, 1)^{\mathsf{T}}$;

        3. $r = (1, 2, 3)^{\mathsf{T}} + t(0, 1, 0)^{\mathsf{T}}$; 4. $r = (1, 0, 1)^{\mathsf{T}} + t(1, 2, -2)^{\mathsf{T}}$;

        5. $r = (1, -2, 2)^{\mathsf{T}} + t(2, 0, -1)^{\mathsf{T}}$; 6. $r = (1, 2, 3)^{\mathsf{T}} + t(1, 1, 1)^{\mathsf{T}}$;

        7. $r = (0, 33, 21)^{\mathsf{T}} + t(0, 0, 1)^{\mathsf{T}}$, $S(0, 33, 21)$.

4.1.3: $\pm \dfrac{1}{17}(8x + 15y + 170) = 0$.

4.1.4: P_1 und der Ursprung liegen auf derselben Seite der Geraden, $e_1 = 4$. P_2 und der Ursprung liegen auf verschiedenen Seiten der Geraden, $e_2 = 3$. P_3 liegt auf der Geraden, $e_3 = 0$.

4.1.5: $g_1: y = 3$, $g_2: 24x - 7y + 45 = 0$.

4.1.6: 1. P_1 liegt auf der Geraden, P_2 nicht. 2. P_2 liegt auf der Geraden, P_1 nicht. 3. Beide Punkte liegen auf der Geraden.

4.1.7: $a = 5$, $b = 3$.

4.1.8: $S\left(0, \dfrac{2}{3}\right)$, $e = \dfrac{17}{\sqrt{10}}$.

4.1.9: 1. α) $\dfrac{x-1}{3} = \dfrac{y+2}{4} = \dfrac{z-3}{5}$; $\quad$ β) $\begin{bmatrix} x-1 \\ y+2 \\ z-3 \end{bmatrix} \times \begin{bmatrix} 3 \\ 4 \\ 5 \end{bmatrix} = \begin{bmatrix} 0 \\ 0 \\ 0 \end{bmatrix}$;

$\quad$ 2. α) $x - 1 = y - 2 = z - 3$; $\quad$ 3. α) $\dfrac{x+1}{2} = z - 5$, $y = 4$.

4.1.10: 1. $x_1 + 2x_2 - x_3 + 1 = 0$; $\quad$ 2. $5x_1 + 7x_2 + x_3 = 4$; $\quad$ 3. $x - 2y + z = 6$;
4. $x + 6y + z = 16$; $\quad$ 5. $x - y + z = 0$; $\quad$ 6. $2x - 2y + z + 3 = 0$;
7. $3x_1 + 2x_2 + x_3 = 17$; $\quad$ 8. $3x_1 + x_2 + x_3 = 5$; $\quad$ 9. $-x + \sqrt{2}\,y + z = 4$;
10. $4x - y - 3z + 10 = 0$.

4.1.11: 1. $r = (1, -1, 2)^\mathsf{T} + u(1, 3, 1)^\mathsf{T} + v(1, 4, 2)^\mathsf{T}$; $\quad$ 2. $r = u(4, 5, 6)^\mathsf{T} + v(10, 11, 12)^\mathsf{T}$;
3. $r = (6, 8, 10)^\mathsf{T} + u(2, 10, 21)^\mathsf{T} + v(4, 5, 6)^\mathsf{T}$;
4. $r = (1, -3, 0)^\mathsf{T} + u(-1, -4, 2)^\mathsf{T} + v(2, -6, -1)^\mathsf{T}$;
5. $r = (1, -3, -8)^\mathsf{T} + u(3, 2, 2)^\mathsf{T} + v(0, 1, 3)^\mathsf{T}$;
6. $r = (1, 1, 1)^\mathsf{T} + u(1, 0, -1)^\mathsf{T} + v(1, -1, 1)^\mathsf{T}$.
$\quad$ $-\infty < u$, $v < \infty$ für alle Teilaufgaben.

4.1.12: 1. $\dfrac{x}{1} + \dfrac{y}{2} + \dfrac{z}{3} = 1$, $\dfrac{1}{7}(6x + 3y + 2z - 6) = 0$;

$\quad$ 2. $-\dfrac{x}{2} + \dfrac{y}{2} - \dfrac{z}{4} = 1$, $\dfrac{1}{3}(-2x + 2y - z - 4) = 0$.

4.1.13: 1. $e = 2$; $\quad$ 2. $e = 1$; $\quad$ 3. $e = 0$.

4.1.14: Man bestimme die Schnittpunkte S_1 und S_2 der Geraden g: $r = t(A, B, C)^\mathsf{T}$ mit den beiden Ebenen.

4.1.15: Die Ungleichung stellt die Menge aller Punkte desjenigen Halbraumes dar, die auf der Seite der Ebene liegen, nach der $\vec{n}$ gerichtet ist. Zum Nachweis verwende man für $\vec{n} \cdot \overrightarrow{P_1 P}$ die Definition des Skalarprodukts und beachte, daß $\cos(\vec{n}, \overrightarrow{P_1 P}) > 0$ gilt.

4.1.16: $21x + 3y + 67z = -37$.

4.1.17: $x + y + 2z = 4$.

4.2.1: 1. $S\left(-\dfrac{3}{11}, \dfrac{10}{11}\right)$, $\varphi = 74{,}4°$; $\quad$ 2. $S(-2,6)$, $\varphi = 53{,}1°$;
3. $e = 5\sqrt{2}$; $\quad$ 4. $S(0,2)$, $\varphi = 28{,}1°$.

4.2.2: Die Projektionen der Geraden auf die y, z-Ebene schneiden einander in einem Punkt dieser Ebene.

4.2.3: a) $d = 0{,}60$, $\varphi = 73{,}22°$. $\quad$ b) $S(0,2,2)$, $\varphi = 60{,}20°$. $\quad$ c) $d = 7$, $\varphi = 0°$.
d) $d = 0{,}56$, $\varphi = 79{,}48°$. $\quad$ e) $S(1, -1,2)$, $\varphi = 9{,}27°$. $\quad$ f) $d = 4$, $\varphi = 0°$.

g) $d = 0{,}45$, $\varphi = 60{,}79°$.   h) $d = 6$, $\varphi = 33{,}39°$.   i) $S(1{,}1{,}0)$, $\varphi = 79{,}48°$.

j) $S(-3{,}3{,}6)$, $\varphi = 90°$.   k) g_1 und g_2 beschreiben dieselbe Gerade.

4.2.4:   a) $r = (-3{,}0{,}-2)^T + t(4{,}1{,}3)^T$, $\varphi = 19{,}84°$.   b) $d = \dfrac{9}{\sqrt{38}} = 1{,}46$.

c) $r = (1{,}1{,}0)^T + t(-9{,}8{,}11)^T$, $\varphi = 90°$.   d) $r = (3{,}5{,}-7)^T + t(5{,}9{,}-7)^T$, $\varphi = 85{,}41°$.

e) $r = (-1{,}2{,}0)^T + t(1{,}-10{,}3)^T$, $\varphi = 90°$.   f) $r = (2{,}1{,}4)^T + t(-1{,}1{,}1)^T$, $\varphi = 19{,}1°$.

g) $r = (-1{,}0{,}-2)^T + t(-1{,}3{,}5)^T$, $\varphi = 80{,}40°$.

h) $r = (-12{,}6{,}-5)^T + t(-29{,}14{,}-11)^T$, $\varphi = 75{,}18°$.

i) $r = (4{,}1{,}2)^T + t(3{,}1{,}8)^T$, $\varphi = 65{,}06°$.   j) $d = 7$.

k) $d = 0$.

4.2.5: $d = |\overrightarrow{QP}| = |\overrightarrow{P_1P_0} - \overrightarrow{P_1Q}|$,

wobei $\overrightarrow{P_1Q} = \dfrac{\overrightarrow{P_1P_0} \cdot \overrightarrow{P_1P_2}}{|\overrightarrow{P_1P_2}|^2}\, \overrightarrow{P_1P_2}$

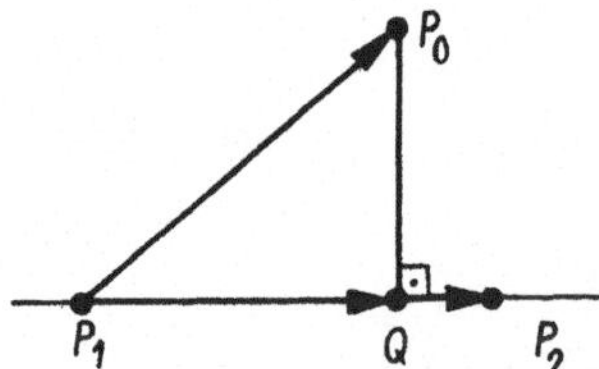

Bild 4.7

oder über den Flächeninhalt des Dreiecks (P_1, Q, P_0):

$$A = \frac{1}{2}\,|\overrightarrow{P_1Q} \times \overrightarrow{P_1P_0}| = \frac{1}{2}\,|\overrightarrow{P_1Q}| \cdot |\overrightarrow{QP_0}|.$$

4.2.6: $\varphi = 59{,}53°$

4.2.7:   a) $r = \begin{bmatrix} 2 \\ 1 \\ 1 \end{bmatrix} + t\begin{bmatrix} 3 \\ 1 \\ 2 \end{bmatrix}$, $-\infty < t < \infty$.   b) $S\left(0, \dfrac{1}{3}, -\dfrac{1}{3}\right)$.

c) $Q(-0{,}36;\, 0{,}21;\, -0{,}57)$.   d) $d = 2{,}89$.

4.2.8:   b) $F_1\left(1, -\dfrac{4}{3}, -\dfrac{4}{3}\right)$, $F_2\left(\dfrac{4}{3}, -\dfrac{2}{3}, -2\right)$.   c) 1.

4.2.9: $P_1\left(-\dfrac{1}{2}, 2, \dfrac{1}{2}\right)$, $P_2(0{,}2{,}0)$, $d = \dfrac{1}{2}\sqrt{2}$.

4.2.10: $P(3, -1, 0)$.

4.2.11: $\dfrac{1}{3}(2x - 2y + z) + 1 = 0$, $e = 1$.

4.2.12:   a) $r = \begin{bmatrix} 1 \\ 0 \\ 0 \end{bmatrix} + u\begin{bmatrix} -1 \\ 2 \\ 0 \end{bmatrix} + v\begin{bmatrix} -1 \\ 0 \\ 3 \end{bmatrix}$, $-\infty < u, v < \infty$.

b) $6x + 3y + 2z = 6$.   c) $\dfrac{6x + 3y + 2z - 6}{7} = 0$.

d) $e = \dfrac{34}{7}$. e) $r = \begin{bmatrix} 1 \\ 0 \\ 0 \end{bmatrix} + t \begin{bmatrix} 1 \\ -2 \\ 0 \end{bmatrix}$, $-\infty < t < \infty$.

4.2.13: a) $\lambda = 3$. b) $r = \begin{bmatrix} 0 \\ 1 \\ 1 \end{bmatrix} + t \begin{bmatrix} 1 \\ 2 \\ 1 \end{bmatrix}$, $-\infty < t < \infty$.

4.2.14: 1. $S(1, 0, 0)$, $\varphi = 28{,}1°$; 2. $S\left(-\dfrac{1}{3}, \dfrac{10}{3}, -\dfrac{1}{3}\right)$, $\varphi = 45°$;

3. $S\left(-\dfrac{541}{17}, \dfrac{963}{17}, -\dfrac{2\,603}{17}\right)$, $\varphi = 1{,}7°$;

4. $S(9, -5, 12)$, $\varphi = 4{,}1°$; 5. $S\left(4, \dfrac{1}{2}, 1\right)$, $\varphi = 61{,}92°$.

4.2.15: $S(1, 2, 3)$.

4.2.16: 1. $F_P(1, 1, 1)$, $F_Q(4, 5, 6)$; 2. $F_P(-1; -2{,}5; 3{,}5)$, $F_Q(-1; 0{,}5; 0{,}5)$;
3. $F_P(-1, 1, -2)$, Q liegt auf der Geraden!

4.2.17: 1. $F(-3, 2, -2)$; 2. $F(0, 5, 1)$.

4.2.18: a) $r = (-1, -2, -2)^\mathsf{T} + t(-4, 1, 3)^\mathsf{T}$, $-\infty < t < \infty$.

b) $P_3(-4, -5, -5)$, $P_4(2, 1, 1)$. c) $d = \dfrac{1}{3}$.

4.2.19: 1. $r'_0 = r_0 + 2(q - r_0 n)\,n$;
2. $P'_0(0, -1, 3)$; 3. $P'_0(13, -7, -3)$; 4. $P'_0(-5, 2, 2)$.

4.2.20: $-x + 2y + 2z = 5$.

4.2.21: a) 10. b) ∞.

4.2.22: $A = 7{,}5\sqrt{17}$.

4.2.23: a) $A(1{,}2{,}1)$. b) $r = (1{,}2{,}1)^\mathsf{T} + t(1{,}1, -4)^\mathsf{T}$. c) $\dfrac{\sin \alpha_1}{\sin \alpha_2} = \sqrt{2}$.

4.2.24: $D = \dfrac{1}{2}\sqrt{2}$, $D' = \dfrac{1}{2}\sqrt{6}$.

4.2.25: $A = \dfrac{51}{8}$.

4.3.1: a) 4. b) $3\sqrt{2}$. c) $\dfrac{1}{2}\sqrt{21}$. d) $6{,}5$. e) $2\sqrt{6}$. f) $7{,}5$. g) 22.

h) $\dfrac{847}{48}\sqrt{2}$. i) $3{,}5$.

4.3.2: a) $a_1 = 0$, $a_2 = 1$. b) $a_1 = 8$, $a_2 = -2$.

4.3.3: a) $V = 15$. b) $V = 245$.

4.3.4: a) $q_1 = 6$, $q_2 = -10$. b) $q_1 = 20$, $q_2 = \dfrac{8}{3}$.

4.3.5:   a) $q = -6{,}8$.   b) $q_1 = 3$, $q_2 = -16{,}6$.   c) $q = \dfrac{7}{4}$.

4.3.6:   a) $\begin{bmatrix} 4 \\ 1 \end{bmatrix}$, $\begin{bmatrix} 3 \\ 4 \end{bmatrix}$, $\begin{bmatrix} -1 \\ 3 \end{bmatrix}$; $\sqrt{17}, 5, \sqrt{10}$; $\left(3, \dfrac{1}{2}\right)$, $\left(\dfrac{5}{2}, 2\right)$, $\left(\dfrac{9}{2}, \dfrac{5}{2}\right)$.

d) $\begin{bmatrix} -3 \\ 2 \\ 6 \end{bmatrix}$, $\begin{bmatrix} -2 \\ 4 \\ 4 \end{bmatrix}$, $\begin{bmatrix} 1 \\ 2 \\ -2 \end{bmatrix}$; $7, 6, 3$; $\left(\dfrac{9}{2}, -1{,}0\right)$, $(5, 0, -1)$, $\left(\dfrac{7}{2}, 1, 2\right)$; $2x + z = 9$.

4.3.7:   a) $\begin{bmatrix} 1 \\ 0 \end{bmatrix} + t\begin{bmatrix} 7 \\ 5 \end{bmatrix}$, $\begin{bmatrix} 5 \\ 1 \end{bmatrix} + t\begin{bmatrix} -5 \\ 2 \end{bmatrix}$, $\begin{bmatrix} 4 \\ 4 \end{bmatrix} + t\begin{bmatrix} 2 \\ 7 \end{bmatrix}$;

$\begin{bmatrix} 3 \\ 0{,}5 \end{bmatrix} + t\begin{bmatrix} -1 \\ 4 \end{bmatrix}$, $\begin{bmatrix} 2{,}5 \\ 2 \end{bmatrix} + t\begin{bmatrix} -4 \\ 3 \end{bmatrix}$, $\begin{bmatrix} 4{,}5 \\ 2{,}5 \end{bmatrix} + t\begin{bmatrix} 3 \\ 1 \end{bmatrix}$;

$\begin{bmatrix} 1 \\ 0 \end{bmatrix} + t\begin{bmatrix} 20 + 3\sqrt{17} \\ 5 + 4\sqrt{17} \end{bmatrix}$, $\begin{bmatrix} 5 \\ 1 \end{bmatrix} + t\begin{bmatrix} 4\sqrt{10} + \sqrt{17} \\ \sqrt{10} - 3\sqrt{17} \end{bmatrix}$, $\begin{bmatrix} 4 \\ 4 \end{bmatrix} + t\begin{bmatrix} 3\sqrt{10} - 5 \\ 4\sqrt{10} + 15 \end{bmatrix}$;

$\begin{bmatrix} 1 \\ 0 \end{bmatrix} + t\begin{bmatrix} 3 \\ 1 \end{bmatrix}$, $\begin{bmatrix} 5 \\ 1 \end{bmatrix} + t\begin{bmatrix} 4 \\ -3 \end{bmatrix}$, $\begin{bmatrix} 4 \\ 4 \end{bmatrix} + t\begin{bmatrix} 1 \\ -4 \end{bmatrix}$.

d) $\begin{bmatrix} 6 \\ -2 \\ -3 \end{bmatrix} + t\begin{bmatrix} -5 \\ 6 \\ 10 \end{bmatrix}$, $\begin{bmatrix} 3 \\ 0 \\ 3 \end{bmatrix} + t\begin{bmatrix} 2 \\ 0 \\ -4 \end{bmatrix}$, $\begin{bmatrix} 4 \\ 2 \\ 1 \end{bmatrix} + t\begin{bmatrix} -1 \\ 6 \\ 2 \end{bmatrix}$;

$\begin{bmatrix} 4{,}5 \\ -1 \\ 0 \end{bmatrix} + t\begin{bmatrix} 2 \\ 15 \\ -4 \end{bmatrix}$, $\begin{bmatrix} 5 \\ 0 \\ -1 \end{bmatrix} + t\begin{bmatrix} 2 \\ 5 \\ -4 \end{bmatrix}$, $\begin{bmatrix} 3{,}5 \\ 1 \\ 2 \end{bmatrix} + t\begin{bmatrix} -2 \\ 5 \\ 4 \end{bmatrix}$;

$\begin{bmatrix} 6 \\ -2 \\ -3 \end{bmatrix} + t\begin{bmatrix} -4 \\ 5 \\ 8 \end{bmatrix}$, $\begin{bmatrix} 3 \\ 0 \\ 3 \end{bmatrix} + t\begin{bmatrix} 2 \\ 1 \\ -4 \end{bmatrix}$, $\begin{bmatrix} 4 \\ 2 \\ 1 \end{bmatrix} + t\begin{bmatrix} 0 \\ -4 \\ 0 \end{bmatrix}$;

$\begin{bmatrix} 6 \\ -2 \\ -3 \end{bmatrix} + t\begin{bmatrix} -2 \\ 5 \\ 4 \end{bmatrix}$, $\begin{bmatrix} 3 \\ 0 \\ 3 \end{bmatrix} + t\begin{bmatrix} 2 \\ 5 \\ -4 \end{bmatrix}$, $\begin{bmatrix} 4 \\ 2 \\ 1 \end{bmatrix} + t\begin{bmatrix} 2 \\ 15 \\ -4 \end{bmatrix}$.

Für sämtliche in Aufgabe 4.3.7. auftretenden Parameter t gilt: $-\infty < t < \infty$.

4.3.8:   a) $\left(\dfrac{10}{3}, \dfrac{5}{3}\right)$, $\left(\dfrac{69}{26}, \dfrac{49}{26}\right)$, $(3{,}63; 1{,}76)$, $\left(\dfrac{61}{13}, \dfrac{16}{13}\right)$.

d) $\left(\dfrac{13}{3}, 0, \dfrac{1}{3}\right)$, $\left(\dfrac{89}{20}, \dfrac{-11}{8}, \dfrac{1}{10}\right)$, $\left(4, \dfrac{1}{2}, 1\right)$, $\left(\dfrac{41}{10}, \dfrac{11}{4}, \dfrac{4}{5}\right)$.

4.3.9:   a) $\left(\dfrac{17}{6}, \dfrac{-1}{6}, \dfrac{26}{6}\right)$, $\left(\dfrac{19}{6}, \dfrac{-17}{6}, \dfrac{-2}{6}\right)$.   b) $(-1, -1, 6)$, $(3, 1, 2)$.

Zusatzaufgabe: $(0, -2, 2)$, $(2, 2, 6)$.

4.3.10:   a) $(0{,}4)$.   b) $y = 1$, $y = -3x + 4$.   c) $y = x + 4$, $y = -\dfrac{3}{5}x + 4$.

4.3.11:   b) $r = t\left(a + \dfrac{1}{2}b\right)$.   c) $\overrightarrow{OP_4} = \left(\dfrac{5}{2}, 2, 3\right)^{\mathsf{T}}$, $r = u(5, 4, 6)^{\mathsf{T}}$,
$-\infty < t < \infty$, $-\infty < u < \infty$.

4.3.12: $a = 3$.

4.3.13:   a) $V = 2$, $O = 13{,}97$.   b) $V = \dfrac{4}{3}$, $O = 19{,}67$.

4.4.1:   Kreisgleichung: $\dfrac{(x - x_0)^2}{r^2} + \dfrac{(y - y_0)^2}{r^2} = 1$,

Ellipsengleichung: $\dfrac{(x - x_0)^2}{a^2} + \dfrac{(y - y_0)^2}{b^2} = 1$,

Hyperbelgleichung: $\dfrac{(x - x_0)^2}{a^2} - \dfrac{(y - y_0)^2}{b^2} = 1$ oder

$$-\dfrac{(x - x_0)^2}{a^2} + \dfrac{(y - y_0)^2}{b^2} = 1.$$

4.4.2:   Kreis: Koeffizienten der quadratischen Glieder gleich.
Ellipse: Koeffizienten der quadratischen Glieder mit gleichem Vorzeichen, dem Betrag nach aber ungleich.
Hyperbel: Koeffizienten der quadratischen Glieder mit ungleichem Vorzeichen.

4.4.3:   Kreisgleichungen: a) und e), Ellipsengleichungen: b) und f), Hyperbelgleichungen: c), d) und g).   a) $M(5,-2)$, $r = 4$.   b) $M(-3,2)$, $a = 7$, $b = 5$.
c) $M(5,-4)$, $a = 7$, $b = 10$.   d) $M(-1,2)$, $a = 2$, $b = 1$.   e) $M(0;-3,5)$, $r = 5$.
f) $M(0,0)$, $a = 1$, $b = \sqrt{0{,}5}$.   g) $M(-4,0)$, $a = b = 2$.

4.4.4:   a) $(x - x_0)^2 = 2p(y - y_0)$.   b) $(x - x_0)^2 = -2p(y - y_0)$.
c) $(y - y_0)^2 = 2p(x - x_0)$.   d) $(y - y_0)^2 = -2p(x - x_0)$.

4.4.5:   a) $(y - 2)^2 = 8(x - 12)$.   b) $(x + 1)^2 = -3(y + 3)$.
c) $(y - 2)^2 = -1{,}5(x + 3)$.   d) $x^2 = 4(y - 0{,}25)$.

4.4.6: $(x - 3)^2 + (y - 7{,}5)^2 = \dfrac{225}{4}$.

4.4.7:   a) $x = x_0$:

$$z^2 + 4y^2 = 1 - 9x_0^2 \cong \begin{cases} \text{Ellipse} & \text{für } 9x_0^2 < 1; \\[1mm] P_1\left(\dfrac{1}{3}, 0, 0\right), \quad P_2\left(-\dfrac{1}{3}, 0, 0\right) & \text{für } 9x_0^2 = 1; \\[1mm] \text{keine reelle Kurve für } 9x_0^2 > 1. \end{cases}$$

b) $x = x_0 : z^2 + y^2 = 1 + 4x_0^2 \cong$ Kreis für alle x_0,

$y = y_0$:

$$z^2 - 4x^2 = 1 - y_0^2 \cong \begin{cases} \text{Hyperbel mit Brennpunkten auf} \\ \qquad\qquad x = 0,\ y = y_0 \quad \text{für } |y_0| < 1; \\ \text{zwei Gerade} \qquad\qquad\qquad \text{für } |y_0| = 1; \\ \text{Hyperbel mit Brennpunkten auf} \\ \qquad\qquad z = 0,\ y = y_0 \quad \text{für } |y_0| > 1. \end{cases}$$

4.4.8:   Ellipsen: b), f), g), h);   Hyperbeln: a), d);   Parabel: c);   ein Paar sich schneidender Geraden: e).

4.4.9:   a) Hyperbel, Scheitelkoord.: $S_1\left(-\dfrac{7}{2}, \dfrac{9}{2}\right)$, $S_2\left(-\dfrac{1}{2}, -\dfrac{5}{2}\right)$,
Mittelpunkt: $M(-2, 1)$, Drehwinkel: $\alpha = 22{,}5°$,
$x_1^2 + x_1 x_2 + 3x_1 + 2x_2 + 5 = 0$.

7*

b) Ellipse, $x_1^2 + x_1x_2 + x_2^2 + 3x_1 - 3x_2 + 4 = 0$.   c), d) Ellipsen.   e) Punkt.   f) Hyperbel.

4.4.10:   Ellipsoid: f);   Hyperboloid: a), b), e);   Paraboloid: d);   Kegel: c).

4.4.11:   a) Ellipsoid.   b) $n = \begin{bmatrix} 14x_0 + 8y_0 + 10z_0 \\ 8x_0 + 29y_0 + 38z_0 \\ 10x_0 + 38y_0 + 50z_0 \end{bmatrix}$.

4.4.12:   Lösungshinweis: Man beschreibe die Kegelschnitte durch homogene Koordinaten ξ_1, ξ_2, ξ_3 (vgl. Anhang A6) und setze anschließend $\xi_0 = 0$.

4.5.1:

a) $x = x_0 + tx_1 = \begin{bmatrix} 1 \\ 2 \\ 0 \\ -2 \end{bmatrix} + t \begin{bmatrix} -2 \\ -6 \\ 3 \\ 7 \end{bmatrix}$ (Gerade im R^4).

b) $x = x_0 + t_1x_1 + t_2x_2 = \begin{bmatrix} 1 \\ 2 \\ 2 \\ 0 \end{bmatrix} + t_1 \begin{bmatrix} 1 \\ 3 \\ 2 \\ 0 \end{bmatrix} + t_2 \begin{bmatrix} -1 \\ -3 \\ 0 \\ 2 \end{bmatrix}$ (Ebene im R^4).

4.5.2:   b) $t_1 = 2$, $t_2 = -3$.   c) $(-7, -16, 49, -12, -10)$.

d) $\frac{1}{2}\sqrt{46}\left(g \cap H: \left(\frac{7}{2}, -1, \frac{7}{2}, -2, 2\right)\right)$.

4.5.3:   Hinweis: $|z|^2 = z^2$.

4.5.4: $S_1(3, 1, 0, 2)$, $S_2(1, 3, 2, 0)$.

5.1.1:   Hinweis: Man weise nach, daß bezüglich der angegebenen Operationen die Axiome des linearen Raumes erfüllt sind. (Siehe Band 13, 4.1., bzw. Bronstein, 2.4.4.)

5.1.2:   Siehe Hinweis zu 5.1.1.

5.1.3:   Hinweis zu a): Es ist nachzuweisen: 1.) Aus $x, y \in E$ folgt $\alpha x + \beta y \in E$; 2.) E läßt sich beschreiben durch $x = t_1v_1 + t_2v_2$, wobei v_1, v_2 linear unabhängige Elemente aus E sind.

5.1.4:

$$\begin{bmatrix} x_1 \\ x_2 \\ x_3 \\ x_4 \\ x_5 \end{bmatrix} = \begin{bmatrix} \frac{1}{3} \\ \frac{2}{3} \\ \frac{1}{3} \\ 0 \\ 0 \end{bmatrix} + t_1 \begin{bmatrix} 5 \\ 1 \\ 2 \\ -3 \\ 0 \end{bmatrix} + t_2 \begin{bmatrix} 7 \\ -10 \\ -14 \\ 0 \\ 9 \end{bmatrix}.$$

5.2.1:   a) Wertebereich: $y_1 - 14y_2 + 11y_3 = 0$;   *Kern* $= \{o\}$.

c) $\begin{bmatrix} y_1 \\ y_2 \\ y_3 \end{bmatrix} = x_1 \begin{bmatrix} 2 \\ -3 \\ -4 \end{bmatrix}$ (Gerade des R^3).   d) $3x_1 + 2x_2 = 2$.

5.2.2:   a) $\det A = 2 \neq 0 \Rightarrow \Phi$ regulär.

b) $W(\Phi) = R'^3$; „Kern von Φ" $= \{(0, 0, 0)^\mathsf{T}\}$.

c) $\Phi(E)$: $x_1' = 2 - 3x_1 + x_2$,   (Ebene)
$\qquad\qquad x_2' = 1 + x_1 - x_2$,
$\qquad\qquad x_3' = 4x_1 - 2x_2$.

d) $\Phi^{-1}(E')$: $-x_1 + x_2 = 0$

5.2.3: f nicht linear, g und h linear.

5.2.4:   a) Ja.   b) $\begin{bmatrix} x_1 \\ x_2 \\ x_3 \end{bmatrix} = t \begin{bmatrix} 1 \\ -3 \\ 6 \end{bmatrix}$.

5.3.1:   a), c), e), h) Positiv definit;   b), d, f), g) nicht positiv definit.

5.3.2:   a) Ellipse.   b) Hyperbel.   c) Ellipse.   d) Hyperbel.   e) Ellipsoid.
f) Hyperboloid (einschalig).   g) Hyperboloid (einschalig).   h) Ellipsoid.
Vergleich: Positiv definiten quadratischen Formen entsprechen Ellipsen ($n = 2$) bzw.
Ellipsoide ($n = 3$).

5.3.3:   a), e) Positiv definit;   b), c), d) nicht positiv definit.
Zusatzfrage: a) Imaginäres Ellipsoid.   b) Zweischaliges Hyperboloid.

5.4.1: $\lambda_1 = -4$, $\lambda_2 = 2$, $\lambda_3 = 3$; $x_1 = t_1 \begin{bmatrix} 0 \\ 0 \\ 1 \end{bmatrix}$, $x_2 = t_2 \begin{bmatrix} 1 \\ -1 \\ 0 \end{bmatrix}$, $x_3 = t_3 \begin{bmatrix} 1 \\ 1 \\ 0 \end{bmatrix}$.

5.4.2:   Hinweis: Bei den Aufgaben e) und f) besitzt die charakteristische Gleichung $p(\lambda) = 0$ keine ganzzahlige Lösung, daher hoher Rechenaufwand.

a) $\lambda_{1,2} = 2 \pm \sqrt{2}$.   b) $\lambda_{1,2} = \frac{1}{2}(3 \pm \sqrt{17})$.   c) $\lambda_1 = \lambda_2 = 1$.   d) $\lambda_1 = 1$, $\lambda_2 = -1$.

e) $p(\lambda) = \lambda^3 - 10\lambda^2 - 24\lambda - 3 = 0$; $p(0) = -3$, $p(1) = 12$, $p(3) = 6$, $p(4) = -3$, $p(6) = -3$, $p(7) = 18$. Lösungen λ_1, λ_2, λ_3 können durch Einschachtelung bzw. ein geeignetes Näherungsverfahren ermittelt werden.

f) $p(\lambda) = \lambda^3 - 6\lambda^2 - 6\lambda + 43 = 0$; man bestimme mit dem Taschenrechner (nach dem Vorbild des Hornerschemas) $p(-3)$, $p(-2)$, $p(2)$, $p(3)$, $p(5)$, $p(6)$.

g) $\lambda_1 = \lambda_2 = 1$, $\lambda_3 = -1$.   h) $\lambda_1 = 1$, $\lambda_{2,3} = 3 \pm \sqrt{8}$.

5.4.3:   a) $\lambda_1 = 3$, $\lambda_2 = -2$; $x_1 = \begin{bmatrix} 1 \\ 1 \end{bmatrix}$, $x_2 = \begin{bmatrix} 1 \\ -4 \end{bmatrix}$.

b) $\lambda_1 = 4$, $\lambda_2 = -1$; $x_1 = \begin{bmatrix} 1 \\ 1 \end{bmatrix}$, $x_2 = \begin{bmatrix} -3 \\ 2 \end{bmatrix}$.

c) $\lambda_1 = \lambda_2 = 3$; $x_1 = \begin{bmatrix} 1 \\ 1 \end{bmatrix}$.

d) $\lambda_1 = \lambda_2 = 1$; $x_1 = \begin{bmatrix} 1 \\ 0 \end{bmatrix}$, $x_2 = \begin{bmatrix} 0 \\ 1 \end{bmatrix}$.

5.4.4:   a) $\lambda_1 = 1$, $\lambda_2 = 2$, $\lambda_3 = -1$; $x_1 = \begin{bmatrix} -2 \\ 17 \\ 7 \end{bmatrix}$, $x_2 = \begin{bmatrix} 0 \\ 4 \\ 1 \end{bmatrix}$, $x_3 = \begin{bmatrix} 0 \\ 1 \\ 1 \end{bmatrix}$.

b) $\lambda_1 = -2$, $\lambda_2 = \lambda_3 = 3$; $x_1 = \begin{bmatrix} 2 \\ 0 \\ 1 \end{bmatrix}$, $x_2 = \begin{bmatrix} 1 \\ 0 \\ 0 \end{bmatrix}$, $x_3 = \begin{bmatrix} 0 \\ 1 \\ -1 \end{bmatrix}$.

c) $\lambda_1 = 2,\quad \lambda_2 = \lambda_3 = 1;\qquad x_1 = \begin{bmatrix} 1 \\ 0 \\ 0 \end{bmatrix},\quad x_2 = \begin{bmatrix} 1 \\ -1 \\ 1 \end{bmatrix}.$

5.4.5: a) $\lambda_1 = 0,\ \lambda_2 = 4,\ \lambda_3 = -6;\quad x_1 = \dfrac{1}{\sqrt{3}}\begin{bmatrix} -1 \\ -1 \\ 1 \end{bmatrix},\quad x_2 = \dfrac{1}{\sqrt{2}}\begin{bmatrix} 1 \\ 0 \\ 1 \end{bmatrix},\quad x_3 = \dfrac{1}{\sqrt{6}}\begin{bmatrix} -1 \\ 2 \\ 1 \end{bmatrix}.$

b) $\lambda_1 = 3,\ \lambda_2 = 6,\ \lambda_3 = -2;\quad x_1 = \dfrac{1}{\sqrt{3}}\begin{bmatrix} 1 \\ -1 \\ 1 \end{bmatrix},\quad x_2 = \dfrac{1}{\sqrt{6}}\begin{bmatrix} 1 \\ 2 \\ 1 \end{bmatrix},\quad x_3 = \dfrac{1}{\sqrt{2}}\begin{bmatrix} 1 \\ 0 \\ -1 \end{bmatrix}.$

c) $\lambda_1 = 7,\ \lambda_2 = \lambda_3 = 1;\qquad x_1 = \dfrac{1}{\sqrt{6}}\begin{bmatrix} 1 \\ -1 \\ 2 \end{bmatrix},\quad x_2 = \dfrac{1}{\sqrt{2}}\begin{bmatrix} 1 \\ 1 \\ 0 \end{bmatrix},\quad x_3 = \dfrac{1}{\sqrt{5}}\begin{bmatrix} -2 \\ 0 \\ 1 \end{bmatrix}.$

5.4.6: a) $\lambda_1 = 3 + i,\ \lambda_2 = 3 - i;\qquad x_1 = \begin{bmatrix} 1 \\ 1 + i \end{bmatrix},\quad x_2 = \begin{bmatrix} 1 \\ 1 - i \end{bmatrix}.$

b) $\lambda_1 = 2 + 4i,\ \lambda_2 = 2 - 2i;\quad x_1 = \begin{bmatrix} 2 - \sqrt{5}\,i \\ 3 \end{bmatrix},\quad x_2 = \begin{bmatrix} -2 + \sqrt{5}\,i \\ 3 \end{bmatrix}.$

c) $\lambda_1 = 1,\ \lambda_2 = \lambda_3 = 0;\qquad x_1 = \begin{bmatrix} i \\ 0 \\ 1 \end{bmatrix},\qquad x_2 = \begin{bmatrix} i \\ -1 \\ 1 \end{bmatrix}.$

5.4.7: Hinweis: Man ermittle allgemein $c = [c_1,\, c_2,\, c_3]^{\mathsf{T}}$ aus $y = c_1 x_1 + c_2 x_2 + c_3 x_3$.

5.4.8: a) $\lambda_1 = 1,\ \lambda_2 = 7;\qquad x_1 = \begin{bmatrix} 1 - 2i \\ -1 \end{bmatrix},\quad x_2 = \begin{bmatrix} 1 \\ 1 + 2i \end{bmatrix}.$

b) $\lambda_1 = 5,\ \lambda_2 = \lambda_3 = 0;\quad x_1 = \begin{bmatrix} 2i \\ 0 \\ 1 \end{bmatrix},\qquad x_2 = \begin{bmatrix} 0 \\ 1 \\ 0 \end{bmatrix},\qquad x_3 = \begin{bmatrix} -i \\ 0 \\ 2 \end{bmatrix}.$

5.4.9: a) $\lambda_1 = 9,\ \lambda_2 = -1;\quad x_1 = \begin{bmatrix} 1 \\ 1 \end{bmatrix},\quad x_2 = \begin{bmatrix} 3 \\ -2 \end{bmatrix}.$

b) Die verallgemeinerte charakteristische Gleichung hat keine Lösung.

c) $\lambda_1 = \lambda_2 = -1;\quad x_1 = \begin{bmatrix} 2 \\ 1 \end{bmatrix}.$

5.4.10: a) $R = [x_1, x_2, x_3]$ (vgl. 5.4.5.); $4y_2^2 - 6y_3^2$. b), c) analog.

5.4.11: a) Durch die Transformation (Hauptachsentransformation)

$$x_1 = \frac{1}{\sqrt{2}}(y_1 - y_2)$$

$T:\qquad\qquad\qquad\qquad (x = Ry)$

$$x_2 = \frac{1}{\sqrt{2}}(y_1 + y_2)$$

geht die Ausgangsgleichung über in $\dfrac{1}{36}y_1^2 + \dfrac{1}{16}y_2^2 = 1$
(Ellipse).

b) $T:\ x = \dfrac{1}{5}(4\bar{x} - 3\bar{y}),\qquad y = \dfrac{1}{5}(3\bar{x} + 4\bar{y});$

$(\bar{y} + 3)^2 = 2(\bar{x} + 1)$ (Parabel).

c) T: $x = \dfrac{1}{\sqrt{10}}\,(3\bar{x} + \bar{y})$, $\qquad y = \dfrac{1}{\sqrt{10}}\,(-\bar{x} + 3\bar{y})$;

$$\frac{1}{4'}\left(\bar{x} - \frac{1}{\sqrt{10}}\right)^2 - \frac{1}{6}\left(\bar{y} - \frac{7}{\sqrt{10}}\right)^2 = 1 \qquad \text{(Hyperbel)}.$$

5.5.1: $\qquad \omega = 50\,\sqrt{11} = 165{,}8$; $\qquad u : 25\,\sqrt{2}\begin{bmatrix} 2 \\ -3 \\ 3 \end{bmatrix} = \begin{bmatrix} 70{,}7 \\ -106{,}1 \\ 106{,}1 \end{bmatrix}$.

5.5.2: $\qquad F_1 = 15{,}03\ \text{kN}$; $\qquad F_2 = 30{,}15\ \text{kN}$; $\qquad F_3 = 34{,}07\ \text{kN}$.

5.5.3: $\qquad F_1 = 3\sqrt{2} = 4{,}24$; $\qquad F_2 = \dfrac{2}{5}\,\sqrt{29} = 2{,}15$; $\qquad F_3 = \dfrac{3}{5}\,\sqrt{29} = 3{,}23$.

5.5.4: $\qquad$ a) Hinweis: Man kann z.B. die Projektion des Vektors $\overrightarrow{SP}$ auf den Normalenvektor n der Ebene verwenden (S: Schnittpunkt des Lichtstrahls mit der Ebene).
b) $21{,}78\,°$.

5.5.5: $\qquad k : [3, 5, -2]^\mathsf{T}$.

5.5.6: $\qquad$ Hinweis: Bei der Berechnung von $A^2 = AA$ beachte man die Voraussetzung $1 = |a| = a^\mathsf{T}a$.

6.1.6: $\qquad$ Hinweis: Einführung von x_{ik}: herzustellende Anzahl von B_i auf M_k, $i = 1, 2$, $k = 1, 2, 3$.

6.1.11: $\qquad$ Hinweis: Aufstellung aller möglichen (sinnvollen!) Zuschnittvarianten V_i, Einführung vor x_i: Anzahl der nach Variante V_i zu zerschneidenden Grundballen.

6.1.14: $\qquad$ Hinweis: Einführung von x_i: Anzahl der zur i-ten Halbschicht beginnenden Arbeitskräfte $i = 1, \ldots, 6$.

6.1.16: $\qquad$ Hinweis: Einführung von x_{ik}: Menge der Arbeitsstunden von M_i auf B_k, $i = 1, \ldots, n$ $k = 1, \ldots, n$.

6.1.17: $\qquad x_{ik}$: Menge der ha der im Gebiet A_k anzubauenden Kultur K_i, damit

$$\text{ZF:}\quad z = \frac{1}{p_1} \sum_{i=1}^{m} p_i \sum_{k=1}^{n} a_{1k} x_{1k} \overset{!}{=} \max,$$

$$\text{NB:}\quad \sum_{k=1}^{n} a_{ik} x_{ik} = \frac{p_i}{p_1} \sum_{k=1}^{n} a_{1k} x_{1k}, \quad i = 2, \ldots, m,$$

$$\sum_{i=1}^{m} x_{ik} = q_k, \quad k = 1, \ldots, n, \quad x_{ik} \geqq 0, \quad i = 1, \ldots, m, \quad k = 1, \ldots, n.$$

6.2.1: $\qquad$ a) $x_1^* = 4$, $x_2^* = 2$, $z^* = 14$.
b) $x_1^* = 2 + 2\lambda$, $x_2^* = 3 - \lambda$, $0 \leqq \lambda \leqq 1$, $z^* = 16$.

6.2.2: $\qquad$ a) $x_1^* = 4$, $x_2^* = 2$, $z^* = 80$.
b) $x_1^* = 2 + 2\lambda$, $x_2^* = 6 - 4\lambda$, $0 \leqq \lambda \leqq 1$, $z^* = 70$.
c) Keine Lösung, da Zielfunktion nach unten nicht beschränkt.

6.2.3: $\qquad$ a) Keine Lösung, da Zielfunktion nach oben nicht beschränkt.
b) $x_1^* = 0$, $x_2^* = 1 + \lambda$, $0 \leqq \lambda \leqq 1$, $z^* = 0$.
c) Keine Lösung, da Zielfunktion nach oben nicht beschränkt.

d) $x_1^* = \dfrac{5}{6}$, $x_2^* = \dfrac{1}{6}$, $z^* = \dfrac{1}{2}$.

e) $x_1^* = \lambda$, $x_2^* = 2 + \lambda$, $\lambda \geqq 0$, $z^* = 9$.

f) $x_1^* = 5 + \lambda$, $x_2^* = 1 + \lambda$, $\lambda \geqq 0$, $z^* = -9$.

6.2.4: $x_1^* = 0{,}1$, $x_2^* = 0{,}5$, $x_3^* = 0{,}4$, $z^* = 21{,}5$.

6.2.5:   a) $x_1^* = \dfrac{54}{11}$, $x_2^* = \dfrac{30}{11}$, $z^* = \dfrac{282}{11}$.   b) $x_1^* = 3$, $x_2^* = 4$, $z^* = 25$.

c) Keine Lösung, da zulässiger Bereich leer.

6.2.6:   a) 4 ME P_1 und 2 ME P_2 ergeben maximalen Gewinn von 14 GE.

b) Je 30 Einheiten von S_1 und S_2 erzielen maximalen Preis von 33 000 M.

c) a) 3 000 kg P_1 und 2 000 kg P_2 ergeben maximalen Gewinn von 85 000 GE.

   b) 150 Packungen von P_1 und 17 Packungen von P_2 ergeben maximalen Gewinn von 73 250 GE.

6.2.7:   a) $x_1^* = -5$, $x_2^* = 6$, $z^* = -65$.

b) Keine Lösung, da Zielfunktion nach unten nicht beschränkt.

c) $x_1^* = 0$, $x_2^* = -\dfrac{3}{2}$, $x_3^* = \dfrac{13}{2}$, $z^* = -8$.

6.2.8:   a) Ganzzahlige Lösung: $x_1^* = 2$, $x_2^* = 2$, $z^* = 4$;

   allg.: $x_1^* = x_2^* = \dfrac{3}{2}\sqrt{2}$, $z^* = 3\sqrt{2}$.

b) Ganzzahlige Lösungen: $x_1^* = 2$, $x_2^* = 1$ und $x_1^* = 1$, $x_2^* = 3$, $z^* = 5$.

   allg.: $x_1^* = x_2^* = \dfrac{5}{4}$, $z^* = \dfrac{25}{8}$.

c) Ganzzahlige Lösung: $x_1^* = 2$, $x_2^* = 3$, $z^* = 13$;

   allg.: $x_1^* = \dfrac{5}{2}$, $x_2^* = \dfrac{3}{4}$, $z^* = \dfrac{53}{4}$.

d) $x_1^* = 0$, $x_2^* = 6$, $z^* = -6$.   e) $x_1^* = 2$, $x_2^* = 3$, $z^* = 5$.

6.3.2:   a) $x_1^* = 5$, $x_2^* = 1$, $x_3^* = 1$, $z^* = 32$.

b) $x_1^* = 0$, $x_2^* = 14$, $x_3^* = 12$, $z^* = 74$.

c) $x_1^* = 0$, $x_2^* = \dfrac{9}{2}$, $x_3^* = \dfrac{1}{2}$, $x_4^* = \dfrac{17}{2}$, $z^* = -18$.

d) $x_1^* = 17$, $x_2^* = 0$, $x_3^* = 9$, $x_4^* = 3$, $z^* = 63$.

e) $x_1^* = 24$, $x_2^* = 3$, $x_3^* = 6$, $z^* = 55$.

f) $x_1^* = 2$, $x_2^* = 8$, $x_3^* = 4$, $z^* = 44$.

g) $x_1^* = 7$, $x_2^* = 61$, $x_3^* = 36$, $z^* = 10$.

h) $x_1^* = 12$, $x_2^* = 1$, $x_3^* = 3$, $z^* = 16$.

i) $x_1^* = 7$, $x_2^* = 13$, $x_3^* = 0$, $x_4^* = 3$, $z^* = 2$.

j) $x_1^* = 1$, $x_2^* = 10$, $x_3^* = 6$, $x_4^* = 0$, $z^* = -14$.

k) $x_1^* = 75$, $x_2^* = 26$, $x_3^* = 0$, $x_4^* = 40$, $z^* = 291$.

l) $x_1^* = 5$, $x_2^* = 1$, $x_3^* = 0$, $x_4^* = 0$, $z^* = 4$.

6.3.3:   a) Siehe 6.2.7.a).   b) Siehe 6.2.7.c).

c) $x_1^* = -22$, $x_2^* = 3$, $x_3^* = 16$, $x_4^* = 18$, $z^* = 17$.

6.3.4:   a), b), c), e): Keine Lösung, da Zielfunktion nach unten nicht beschränkt.

            d) Keine Lösung, da zulässiger Bereich leer.

6.3.5:   a) Siehe 6.2.6.a).   c) Siehe 6.2.6.b).

            b) 1 ME P_1 und 6 ME P_2 ergeben maximalen Gewinn von 20 DE. P_3 wird nicht hergestellt.

            d) 100 Stück A, 15 Stück B und 30 Stück C ergeben maximalen Gewinn von 580 GE.

            e) 1 000 t G_1, 4 000 t G_2 und 2 000 t G_3 ergeben maximalen Frachtertrag von 215 000 M.

            f) M_1 stellt 8 Std. lang P_2 her, M_2 stellt 4 Std. lang P_1 und 4 Std. lang P_2 her.

            g) Siehe 6.2.6.c) a).

6.3.6:   Die Optimallösung $x_1^* = 10$, $x_2^* = 0$, $x_3^* = 0$, $x_4^* = 40$, $z^* = 800$ ist identisch mit der im vorletzten Simplexschritt erzeugten Basislösung.

6.3.7:   a) $x_1^* = 2 + t$, $x_2^* = 1 + t$, $0 \leq t \leq 1$, $x_3^* = 0$, $z^* = 8$.

            b) $x_1^* = 4 + \dfrac{1}{2} t$, $x_2^* = 3 + t$, $t \geq 0$, $x_3^* = 0$, $z^* = 5$.

            c) $x_1^* = 0$, $x_2^* = s$, $x_3^* = 4 + 2s$, $x_4^* = t$, $0 \leq s \leq 1$, $0 \leq t \leq 6(1 - s)$, $z^* = 16$.

            d) $x_1^* = 9 - t$, $0 \leq t \leq 7$, $x_2^* = 10$, $x_3^* = 11$, $z^* = 19$.

6.3.8:   a) $x_1^* = 10 - t$, $x_2^* = t$, $x_3^* = 14 - t$, $0 \leq t \leq \dfrac{9}{2}$, $z^* = 24$.   b) Nein.

6.3.9:   a) $x_1^* = 6 - t$, $x_2^* = 5 - t$, $x_3^* = 2 - t$, $0 \leq t \leq 2$, $z^* = -5$.

            b) Ganzzahlige Lösungen für $t_1 = 0$, $t_2 = 1$, $t_3 = 2$.

6.3.10:   a) $x_1^* = 0$, $x_2^* = \dfrac{1}{2} t + 2$, $x_3^* = 3$, $x_4^* = 2$, $0 \leq t \leq 4$, $z^* = 42$.

            b) x_{ik}: Anzahl der Schiffe vom Typ T_i, gebaut in der Werft W_k. Damit:
$$x_{11}^* = -s + t + 1, \quad x_{12}^* = s - t + 2, \quad x_{21}^* = s, \quad x_{22}^* = -s + 4, \quad x_{31}^* = 0,$$
$$x_{32}^* = 0, \quad x_{41}^* = -t + 3, \quad x_{42}^* = t, \quad 0 \leq s \leq 4, \quad 0 \leq t \leq 3, \quad s - 1 \leq t \leq s + 2,$$
s, t ganzzahlig (13 verschiedene Lösungen). Maximaler Gewinn: 44 GE.

            c) Zuschnittvarianten V_i:

	5 m-Stab V_1 V_2 V_3			4 m-Stab V_4 V_5	
2 m-Stäbe	2	1	–	2	–
2,5 m-Stäbe	–	1	2	–	1

            Zuschnitt von t Stäben nach V_1, $40 - 2t$ nach V_2, $60 + t$ nach V_3, 140 nach V_4, $0 \leq t \leq 20$, ganzzahlig.
Maximale Anzahl der Gegenstände: 160.

6.3.11:   a) $w = 11y_1 + 7y_2 + 10y_4 \overset{!}{=} \min;$ b) $w = 4y_1 + 15y_2 + 2y_4 - 2y_5 \overset{!}{=} \min;$

$$\begin{aligned}
y_1 + 2y_2 \quad\quad + y_4 &\geq 4, \\
y_1 - y_2 + y_3 \quad\quad &\geq 3, \\
y_2 - y_3 + y_4 &\geq -1, \\
y_i \geq 0, \quad i = 1, \dots, 4. &
\end{aligned}$$

$$\begin{aligned}
y_1 \quad\quad - y_3 \quad\quad + y_5 &\geq 0, \\
y_1 + 3y_2 + y_3 + y_4 - y_5 &= 2, \\
y_1 + 5y_2 \quad\quad - y_4 - y_5 &\leq -1, \\
\end{aligned}$$
$y_1 \geq 0$, y_2 frei, $y_3 \leq 0$, y_4 frei, $y_5 \geq 0$.

c) $w = -3y_1 + 8y_2 - 13y_3 \overset{!}{=} \max$;

$y_1 - 2y_2 + 2y_3 \geqq -4$,

$-3y_1 + 7y_2 - 8y_3 \geqq 17$,

$-2y_1 + 3y_2 - y_3 \geqq 5$,

$y_i \geqq 0$, $i = 1, 2, 3$.

d) $w = -12y_1 - 10y_2 - 44y_3 \overset{!}{=} \max$;

$y_1 + 2y_2 + 9y_3 \geqq 15$,

$y_1 + y_2 + 4y_3 \geqq 7$,

$5y_1 + 4y_2 + 18y_3 \leqq 28$,

$y_i \geqq 0$, $i = 1, 2, 3$.

6.3.12:   a) Primale Aufgabe: $x_1^* = \dfrac{7}{2}$, $x_2^* = \dfrac{13}{2}$, $x_3^* = \dfrac{13}{2}$, $z^* = 27$,

duale Aufgabe: $y_1^* = 0$, $y_2^* = 1$, $y_3^* = 4$, $y_4^* = 2$, $w^* = 27$.

b) Primale Aufgabe: siehe 6.3.2.h),

duale Aufgabe: $y_1^* = 10$, $y_2^* = 9$, $y_3^* = 2$, $w^* = 16$.

c) Primale Aufgabe: siehe 6.3.4.b),

duale Aufgabe: keine Lösung, da zulässiger Bereich leer.

6.3.13:   a) $x_1^* = \dfrac{5}{2}$, $x_2^* = 0$, $x_3^* = \dfrac{1}{2}$, $z^* = \dfrac{7}{2}$.

b) Keine Lösung, da zulässiger Bereich leer.

6.3.14:   a) M_1 stellt 50 B_1, M_2 stellt 100 B_2, M_3 stellt 50 B_1 und 50 B_2 her. Minimale Herstellungszeit: 350 Std.

b) Mischung aus 18 kg F_2 und 26 kg F_3 mit minimalem Preis von 900 GE.

c) Es werden 30 Grundballen in je einen 110 cm- und einen 75 cm-Ballen sowie 10 Grundballen in je einen 75 cm- und zwei 60 cm-Ballen zerschnitten. Dann minimaler Stoffabfall insges. 500 cm.

d) Die erste Halbschicht beginnen $15 - u$, die zweite $5 + u$, die dritte $11 - u$, die vierte $11 + u$, die fünfte $9 - u$, die sechste u Arbeiter, $0 \leqq u \leqq 9$, ganzzahlig. Minimale Zahl der Arbeitskräfte: 51.

6.3.15:   a)

	x_1^*	x_2^*	x_3^*	z^*
$0 \leqq t < \dfrac{1}{4}$	$t + 3$	0	t	$6 + t$
$t \geqq \dfrac{1}{4}$	$\dfrac{13}{4}$	0	$\dfrac{1}{4}$	$\dfrac{25}{4}$
$t < 0$	keine Lösung			

b)

	x_1^*	x_2^*	x_3^*	z^*
$0 \leqq t \leqq 5$	t	$5 - t$	0	$25 - 2t$
$t \geqq 5$	5	0	0	15
$t < 0$	keine Lösung			

c)

	x_1^*	x_2^*	x_3^*	x_4^*	z^*	
$t = -3$	λ	$2\lambda + 1$	$3\lambda + 3$	0	3	$\lambda \geqq 0$
$-3 < t < 0$	0	1	3	0	$-t$	
$t = 0$	0	μ	$\mu + 2$	$1 - \mu$	0	$0 \leqq \mu \leqq 1$
$0 < t < 3$	0	0	2	1	0	
$t = 3$	ϱ	0	$\varrho + 2$	$2\varrho + 1$	0	$\varrho \geqq 0$
$|t| > 3$	keine Lösung					

d)

	x_1^*	x_2^*	z^*	
$t > 2$	0	$2t$	$-2t$	
$t = 2$	λ	$2\lambda + 4$	-4	$\lambda \geqq 0$
$t < 2$	keine Lösung			

e)

	x_1^*	x_2^*	x_3^*	z^*	
$t = 0$	0	λ	λ	1	$\lambda \geqq 0$
$0 < t \leqq 2$	0	t^2	0	1	
$t > 2$	0	$t^2 + t - 2$	$t - 2$	$(t-1)^2$	
$t < 0$	keine Lösung				

6.4.1: $\quad X^* = \begin{bmatrix} 20 & 0 & 0 \\ 10 & 10 & 20 \end{bmatrix}$, $z^* = 90$.

6.4.2: a) $X^* = \begin{bmatrix} 0 & 5 & 0 & 0 \\ 0 & 0 & 0 & 3 \\ 1 & 1 & 3 & 1 \end{bmatrix}$, $z^* = 35$. $\quad$ b) $X^* = \begin{bmatrix} 0 & 10 & 4 & 0 & 0 \\ 0 & 0 & 3 & 0 & 3 \\ 3 & 11 & 0 & 8 & 0 \\ 12 & 0 & 0 & 0 & 0 \\ 0 & 0 & 0 & 5 & 0 \end{bmatrix}$, $z^* = 643$.

c) $X^* = \begin{bmatrix} 40 & 20 & 0 & 0 \\ 0 & 0 & 40 & 40 \\ 30 & 0 & 20 & 0 \\ 0 & 50 & 0 & 0 \end{bmatrix}$, $z^* = 690$. $\quad$ d) $X^* = \begin{bmatrix} 0 & 8 & 0 & 0 & 0 \\ 6 & 0 & 0 & 8 & 0 \\ 0 & 4 & 8 & 0 & 0 \\ 0 & 0 & 2 & 0 & 4 \end{bmatrix}$, $z^* = 128$.

e) $X^* = \begin{bmatrix} 20 & 20+t & 10-t & 0 \\ 0 & 60-t & 0 & t \\ 0 & 0 & 20+t & 30-t \\ 0 & 0 & 0 & 40 \end{bmatrix}$, $0 \leqq t \leqq 10$, $z^* = 580$.

f) $X^* = \begin{bmatrix} 0 & 2-s & s & 0 & 0 & 1 \\ 2 & 1+t & 0 & 2-t & 1 & 0 \\ 0 & 0 & 2 & 0 & 0 & 0 \\ 0 & 1+s-t & 6-s & t & 0 & 0 \end{bmatrix}$,

$0 \leqq s \leqq 2, 0 \leqq t \leqq 2, t \leqq s + 1, z^* = 116$.

6.4.3: $\quad X^* = \begin{bmatrix} 3 & 0 & 0 & 0 & 0 \\ 0 & 3 & 2 & 0 & 0 \\ 0 & 0 & 0 & 2 & 2 \\ 0 & 0 & 0 & 0 & 2 \end{bmatrix}$, $z^* = 28$.

Der nach der Nordwesteckenregel aufgestellte erste Plan ist bzgl. der von Null verschiedenen Basisvariablen identisch mit X^*, erfüllt aber noch nicht das Optimalitätskriterium.

6.4.4:

a) $X^* = \begin{bmatrix} 0 & 10 & 0 & 0 & 0 & 0 \\ 0 & 0 & 0 & 0 & 0 & 20 \\ 10 & 0 & 0 & 0 & 0 & 20 \\ 20 & 0 & 10 & 10 & 30 & 0 \end{bmatrix}$, $z^* = 280$.

b) $X^* = \begin{bmatrix} 0 & 0 & 0 & 0 & 10 & 0 \\ 0 & 0 & 0 & 10 & 0 & 10 \\ 0 & 0 & 0 & 0 & 0 & 30 \\ 30 & 10 & 10 & 0 & 20 & 0 \end{bmatrix}$, $z^* = 410$.

c) $X^* = \begin{bmatrix} 0 & 0 & 0 & 0 & 0 & 10 \\ 0 & 0 & 0 & 0 & 0 & 20 \\ 0 & 0 & 0 & t & 30-t & 0 \\ 30 & 10 & 10 & 10-t & t & 10 \end{bmatrix}$, $0 \leqq t \leqq 10$, $z^* = 650$.

d) Problem unlösbar.

e) $X^* = \begin{bmatrix} 0 & 0 & 0 & 0 & 5 & 5 \\ 0 & 0 & 0 & 0 & 0 & 20 \\ 0 & 0 & 0 & t & 15-t & 15 \\ 30 & 10 & 10 & 10-t & 10+t & 0 \end{bmatrix}$, $0 \leqq t \leqq 10$, $z^* = 475$.

f) $X^* = \begin{bmatrix} 0 & 0 & 0 & 0 & 0 & 10 \\ 0 & 0 & 0 & 5 & 0 & 15 \\ 0 & 0 & 0 & t & 15-t & 15 \\ 30 & 10 & 10 & 5-t & 15+t & 0 \end{bmatrix}$, $0 \leqq t \leqq 5$, $z^* = 525$.

6.4.5: Von A werden 3 Kräne nach C, von B 5 Kräne nach D umgesetzt. Je 1 Kran bleibt in A und B zurück. Minimale Kosten: 3 700 M.

6.4.6: a) $X^* = \begin{bmatrix} 30 & 15 & 5 \\ 0 & 25 & 0 \\ 0 & 0 & 10 \\ 0 & 0 & 10 \end{bmatrix}$,

minimale Kosten: 485 GE.

b) $X^* = \begin{bmatrix} 20 & 5 & 15 \\ 0 & 25 & 0 \\ 0 & 10 & 0 \\ 10 & 0 & 0 \end{bmatrix}$,

10 Lieferungen bleiben in A_1 zurück; minimale Kosten: 465 GE.

6.4.7: a) $X^* = \begin{bmatrix} 35 & 0 & 20 & 0 \\ 0 & 5 & 0 & 20 \\ 15 & 0 & 0 & 0 \\ 0 & 20 & 15 & 0 \end{bmatrix}$,

minimale Kosten: 670 GE.

b) $X^* = \begin{bmatrix} 35 & 0 & 20 \\ 0 & 20+t & 0 \\ 15 & 0 & 0 \\ 0 & 5-t & 15 \end{bmatrix}$,

Lagerung in A_2: $5-t$, in A_4: $15+t$, $0 \leqq t \leqq 5$, minimale Kosten: 570 GE.

6.4.8: a) $X^* = \begin{bmatrix} 0 & 3 & 0 & 0 & 0 \\ 4 & 0 & 0 & 7 & 11 \\ 8 & 1 & 6 & 0 & 0 \end{bmatrix}$,

minimale Kosten: 269 GE.

b) $X^* = \begin{bmatrix} 0 & 0 & 3 & 0 & 0 \\ 0 & 0 & 5 & 7 & 10 \\ 12 & 2 & 0 & 0 & 1 \end{bmatrix}$,

B_2 wird zunächst nicht voll beliefert; minimale Kosten: 294 GE.

6.4.9: b) $X^* = \begin{bmatrix} 0 & 30-t & 50+t & 0 \\ 60 & 0 & 0 & 0 \\ 50 & 0 & 20-t & t \\ 0 & 20+t & 0 & 60-t \end{bmatrix}$, $0 \leqq t \leqq 20$, minimale Kosten: 870 GE.

c) α) Für $t = 0$ bzw. $t = 20$ sind 7 Lkw notwendig, sonst 8;
   β) man kann mit 5 Lkw auskommen, z. B. bei

$$X = \begin{bmatrix} 30 & 50 & 0 & 0 \\ 0 & 0 & 0 & 60 \\ 0 & 0 & 70 & 0 \\ 80 & 0 & 0 & 0 \end{bmatrix}, \text{ zugehörige Kosten: } 1\,290 \text{ GE.}$$

6.4.10: $X^* = \begin{bmatrix} 0 & 0 & 0 & t \\ 0 & 10 & 0 & 0 \\ 10 & 0 & 10 & 0 \end{bmatrix}$,   Lagerung bei E_1: $20 - t$, bei E_2: 10, $0 \leqq t \leqq 20$, minimale Kosten: $40 + t\,$GE.

6.5.1: a) $x_1^* = \dfrac{8}{3}$, $x_2^* = \dfrac{2}{3}$, $x_3^* = 0$, $z^* = 24$; die gerundeten Werte

   $x_1 = 3$, $x_2 = 1$, $x_3 = 0$ erfüllen nicht alle Nebenbedingungen.

   b) $x_1^* = 4$, $x_2^* = 1$, $x_3^* = 1$, $z^* = 23$.

6.5.2: a) $x_1^* = 4$, $x_2^* = 2$, $z^* = 14$.   b) $x_1^* = 5$, $x_2^* = 2$, $x_3^* = 0$, $z^* = 19$.

6.5.3: a) Siehe 6.2.6.c).

   b) Zuschnittvarianten V_i
      für einen Grundballen:

	V_1	V_2	V_3	V_4	V_5
110 cm-Ballen	1	1	–	–	–
75 cm-Ballen	1	–	2	1	–
60 cm-Ballen	–	1	–	2	3

1. Lsg.: Zuschnitt v. 29 Grundballen nach V_1, 1 nach V_2, 2 nach V_3, 7 nach V_4;
2. Lsg.: Zuschnitt v. 30 Grundballen nach V_1, 2 nach V_3, 6 nach V_4, 1 nach V_5;
3. Lsg.: Zuschnitt v. 30 Grundballen nach V_1, 1 nach V_3, 8 nach V_4.

Minimale Anzahl der benötigten Grundballen: 39.

6.5.4: Zuschnittvarianten V_i
   für ein Grundblech:

	V_1	V_2	V_3
40×100 cm-Blech	2	1	–
60×30 cm-Blech	–	3	4

a) 1. Lsg.: Zuschnitt v. 3 Grundblechen nach V_1, 4 nach V_2, 2 nach V_3;
   2. Lsg.: Zuschnitt v. 2 Grundblechen nach V_1, 6 nach V_2, 1 nach V_3;
   3. Lsg.: Zuschnitt v. 2 Grundblechen nach V_1, 7 nach V_2;
   4. Lsg.: Zuschnitt v. 1 Grundblech nach V_1, 8 nach V_2.

Dann minimale Anzahl der benötigten Grundbleche: 9.
Dagegen minimaler Schnittabfall von $6\,000$ cm^2 bei Zuschnitt von 10 Blechen nach V_2.

b) Zuschnitt von 3 Grundblechen nach V_1, 4 nach V_2, 2 nach V_3.
   Zugehöriger Schnittabfall: $14\,000$ cm^2.

Anhang

A 1: Sind a und b zwei Vektoren (in der Ebene oder im Raum), so nennt man den Vektor

$$a_b = \frac{ab}{bb}\, b = \frac{ab}{|b|}\, b^0 \quad \text{die Projektion von } a \text{ auf } b. \text{ (Siehe Bild A 1)}$$

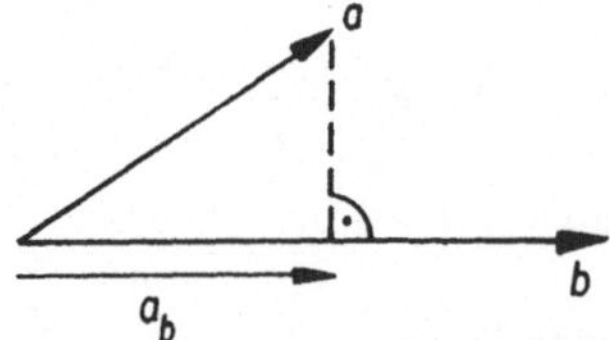

Bild A 1

An Stelle von „Projektion von a auf b" benutzt man manchmal auch die Sprechweise „vektorielle Komponente von a in Richtung b"; $\dfrac{ab}{|b|}$ wird dann die „skalare Komponente von a in Richtung b" genannt.

A 2: $(x - a) \times v = o$ nennt man eine Plückersche Darstellung der Geraden $x = a + tv$.

A 3: Die allgemeine Gleichung einer Kurve 2. Ordnung lautet

$$c_{11}x_1^2 + c_{22}x_2^2 + 2c_{12}x_1x_2 + 2c_{10}x_1 + 2c_{20}x_2 + c_{00} = 0,$$

in Summenschreibweise $\displaystyle\sum_{i,k=1}^{2} c_{ik}x_ix_k + 2\sum_{i=1}^{2} c_{i0}x_i + c_{00} = 0,$

in Matrizenschreibweise $x^{\mathsf{T}}Cx + 2c^{\mathsf{T}}x + c_{00} = 0$

$$\left(\text{Vorauss.: } c_{ik} = c_{ki},\; i,\,k = 1,\,2;\; C = \begin{bmatrix} c_{11} & c_{12} \\ c_{21} & c_{22} \end{bmatrix};\; c = \begin{bmatrix} c_{10} \\ c_{20} \end{bmatrix};\; x = \begin{bmatrix} x_1 \\ x_2 \end{bmatrix}\right).$$

Aus der folgenden Tabelle kann man ablesen, von welchem Typ die Kurve 2. Ordnung ist.

Tabelle ($|\Gamma| = \det \Gamma$, $|C| = \det C$)

	$\|\Gamma\| \neq 0$ (reguläre Kurve)	$\|\Gamma\| = 0$ (singuläre Kurve)
$\|C\| > 0$	Ellipse[1])	imaginäres Geradenpaar (mit einem reellen Punkt)
$\|C\| < 0$	Hyperbel	reelles nichtparalleles Geradenpaar
$\|C\| = 0$	Parabel	paralleles Geradenpaar[2])

[1]) Ellipse ist reell, falls $|\Gamma| \cdot (c_{11} + c_{22}) < 0$ ist, andernfalls imaginär.

[2]) Paralleles Geradenpaar   für $c_{10}^2 - c_{11}c_{00} > 0$;

reelle Doppelgerade   für $c_{10}^2 - c_{11}c_{00} = 0$;

paralleles imaginäres Geradenpaar   für $c_{10}^2 - c_{11}c_{00} < 0$.

Dabei ist Γ die symmetrische (3, 3)-Matrix $\Gamma = \begin{bmatrix} c_{00} & c^{\mathsf{T}} \\ c & C \end{bmatrix} = \begin{bmatrix} c_{00} & c_{01} & c_{02} \\ c_{10} & c_{11} & c_{12} \\ c_{20} & c_{21} & c_{22} \end{bmatrix}.$

A 4: Die allgemeine Gleichung einer Fläche 2. Ordnung lautet

$$c_{11}x_1^2 + c_{22}x_2^2 + c_{33}x_3^2 + 2c_{12}x_1x_2 + 2c_{13}x_1x_3 + 2c_{23}x_2x_3 + 2c_{10}x_1$$
$$+ 2c_{20}x_2 + 2c_{30}x_3 + c_{00} = 0,$$

in Summenschreibweise

$$\sum_{i,\,k=1}^{3} c_{ik}x_ix_k + 2\sum_{i=1}^{3} c_{i0}x_i + c_{00} = 0,$$

in Matrizenschreibweise

$$x^\mathsf{T}Cx + 2c^\mathsf{T}x + c_{00} = 0$$

$$\left(\text{Vorauss.: } c_{ik} = c_{ki},\ i,k = 1,2,3; \quad C = \begin{bmatrix} c_{11} & c_{12} & c_{13} \\ c_{21} & c_{22} & c_{23} \\ c_{31} & c_{32} & c_{33} \end{bmatrix} \neq O; \quad c = \begin{bmatrix} c_{10} \\ c_{20} \\ c_{30} \end{bmatrix}; \quad x = \begin{bmatrix} x_1 \\ x_2 \\ x_3 \end{bmatrix} \right).$$

Aus der folgenden Tabelle kann man ablesen, von welchem Typ die Fläche 2. Ordnung ist.

Tabelle ($|\Gamma^*| = \det \Gamma^*$, $|C| = \det C$)

		$\|\Gamma^*\| \neq 0$ (reguläre Fläche)	$\|\Gamma^*\| = 0$ (singuläre Fläche)
$\|C\| \neq 0$	$S\cdot\|C\|$ und T: beide > 0	Ellipsoid[1])	imaginärer Kegel (mit reeller Spitze)
	$S\cdot\|C\|$ und T: nicht beide > 0	Hyperboloid[2])	Kegel
$\|C\| = 0$		Paraboloid[3])	Zylinderfläche

[1]) Ellipsoid ist reell, falls $|\Gamma^*| < 0$ ist, andernfalls imaginär.
[2]) Hyperboloid ist zweischalig, falls $|\Gamma^*| < 0$ ist, andernfalls einschalig.
[3]) Paraboloid ist elliptisch, falls $|\Gamma^*| < 0$ ist, andernfalls hyperbolisch.

$$\text{Dabei gilt: } \Gamma^* = \begin{bmatrix} c_{00} & c^\mathsf{T} \\ c & C \end{bmatrix} = \begin{bmatrix} c_{00} & c_{01} & c_{02} & c_{03} \\ c_{10} & c_{11} & c_{12} & c_{13} \\ c_{20} & c_{21} & c_{22} & c_{23} \\ c_{30} & c_{31} & c_{32} & c_{33} \end{bmatrix},$$

$$S = c_{11} + c_{22} + c_{33}, \quad T = c_{11}c_{22} + c_{22}c_{33} + c_{33}c_{11} - c_{12}^2 - c_{23}^2 - c_{31}^2.$$

A 5: Die Elemente (Punkte) des R^n sind n-dimensionale Spaltenvektoren $x = [x_1, \ldots, x_n]^\mathsf{T}$. Der R^n ist ein Vektorraum (vgl. Aufgabe 5.1.1.) mit Skalarprodukt $(x,y) = x^\mathsf{T}y$ und Norm $\|x\| = (x^\mathsf{T}x)^{\frac{1}{2}} = |x|$. Eine Hyperebene H im R^n wird durch eine Gleichung $c_0 + c^\mathsf{T}x = c_0 + c_1x_1 + \ldots + c_nx_n = 0$ mit $c = [c_1, \ldots, c_n]^\mathsf{T} \neq o$ beschrieben; c nennt man einen Normalenvektor von H.
(Eine Hyperebene im R^2 ist eine Gerade des R^2, eine Hyperebene im R^3 ist eine Ebene des R^3!) Die Zahl $\sqrt{(x_1 - y_1)^2 + \ldots + (x_n - y_n)^2}$ liefert den „Abstand" von zwei Punkten x und y des R^n.

A 6: Die „inhomogenen Koordinaten" x_i sind mit den „homogenen Koordinaten" ξ_i durch die Beziehung $x_i = \dfrac{\xi_i}{\xi_0}$ ($i = 1, 2, \ldots, n$) verknüpft. Bei den eigentlichen Punkten (endlichen Punkten) gilt $\xi_0 \neq 0$, bei den uneigentlichen Punkten (Fernpunkten) gilt $\xi_0 = 0$. Die Gleichung $\xi_0 = 0$ liefert im R^2 die Ferngerade, im R^3 die Fernebene, im R^n die Fernhyperebene.

Literatur

Bialy, H.; Olbrich, M.: Optimierung. Leipzig: VEB Fachbuchverlag 1975.

Bronstein, I. N.; Semendjajew, K. A.: Taschenbuch der Mathematik. 24. Aufl. Leipzig: BSB B. G. Teubner Verlagsgesellschaft 1989.

Dallmann, H.; Elster, K. H.: Einführung in die höhere Mathematik, Band II. Jena: VEB Gustav Fischer Verlag 1981.

Dietrich, G.; Stahl, H.: Matrizen und Determinanten. 3. Auflage. Leipzig: VEB Fachbuchverlag 1970.

Dück, W.; Bliefernich, M. (Hrsg.): Operationsforschung, Band II. Berlin: VEB Deutscher Verlag der Wissenschaften 1971.

Dreszer, J.: Mathematik-Handbuch (Übers. a. d. Poln.). Leipzig: VEB Fachbuchverlag 1975.

Geise, G.: Grundkurs Lineare Algebra. Leipzig: BSB B. G. Teubner Verlagsgesellschaft 1979.

Göhler, W.: Höhere Mathematik, Formeln und Hinweise. 10. Aufl. Leipzig: VEB Deutscher Verlag für Grundstoffindustrie 1987.

v. Mangoldt, H.: Knopp, K.: Einführung in die höhere Mathematik, Band II. Leipzig: S. Hirzel Verlag 1978.

Manteuffel, K.; Seiffart, E.; Vetters, K.: Lineare Algebra. 7. Auflage. Leipzig: BSB B. G. Teubner Verlagsgesellschaft 1989.

Rektorys, K.: Survey of applicable mathematics (Übers. a. d. Tschech.) London: Iliffe Books LTD 1969.

Seiffart, E.; Manteuffel, K.: Lineare Optimierung. 4. Auflage. Leipzig: BSB B. G. Teubner Verlagsgesellschaft 1988.

Bei der Erarbeitung dieses Buches wurden folgende Aufgabensammlungen benutzt:

Übungsaufgaben zur Mathematik, Heft Lin. Algebra *(Geise, G.; Seidel, H.).*
Technische Universität Dresden 1971
Kartei Lineare Algebra.
Technische Hochschule Magdeburg
Aufgabensammlung zur Vorlesung Analysis *(Schultz-Piszachich, W.).*
Ingenieurhochschule Köthen 1973
Aufgaben zur höheren Mathematik.
Technische Hochschule Ilmenau 1975
Aufgabensammlung Zentraler Mathematikwettstreit der Studenten technischer und ökonomischer Fachrichtungen (Ilmenau 1981).
Übungsaufgaben zur Mathematik, Heft Optimierung *(Gierth, G.).*
Technische Universität Dresden 1971
Mathematische Aufgabensammlung, Teil I.
Hochschule für Architektur und Bauwesen Weimar
Aufgabensammlung zur Vorlesung Grundlagen der Operationsforschung.
Ingenieurhochschule Köthen 1973
Aufgaben für die Mathematikausbildung technischer Fachrichtungen (Lehrbriefe für das Hochschulfernstudium 1978), 1. und 4. Lehrbrief *(Lehmann, H.; Denz, W.; Ebmeyer, H.; Hackel, H.; Kuhrt, R.).*
Aufgabensammlung Optimierung *(Bialy, H.; Stefek, M.).*
Hochschule für Verkehrswesen Dresden 1972

Mathematik für Ingenieure, Naturwissenschaftler, Ökonomen und Landwirte